吃点素挺好的

任芸丽 编著

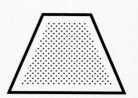
中国轻工业出版社

自序：偏爱

—

文 | 任芸丽

　　我有一位女朋友，喜欢穿有设计感的细麻长裙或沙丽，戴老银手镯和长珠串，佛系加异域风情的装扮衬托着消瘦的身形，令我好生羡慕。她练习瑜伽和坚持纯素食已经很多年了，不过最近身体不好，慕名去请教一位老中医。望闻问切之后，老中医说："你的口味太重了，宜清淡！"朋友笑了，表示自己常年茹素，清淡是最自信的一件事。老中医摇摇头，声音洪亮，中气十足，道出四个字："偏即是重！"我美丽的女友当时就哑然了。

　　我可以理解老先生所强调的是"均衡"的概念。人体自身运转的均衡加上摄入营养的均衡以及运动消耗的均衡，才能带来身体状态全方位的均衡。女友的生活方式和生活态度严谨认真，通过调理，康复如常。每个人的体质都不一样，我无法效仿她，只能送上尊敬。我们的饮食传统提倡五行俱全，天地万物提供给我们的食物，什么都要吃一点，宜清宜淡，但不要纯素无荤。如果说偏油、偏咸、偏辣、偏荤都算重口味的话，过度清淡未尝不是一种偏执。"偏即是重"，道出了现代人矫枉过正的心态，一味追求健康饮食却与健康渐行渐远，这是多么遗憾的事情。要相信我们的身体，相信与生俱来的天分。我们要做的就是理解身体和理解心灵，保持这份"均衡"的天赋能力。

　　我不是养生派，不知是因为太懒还是太忙的缘故，包包里没有健身房和瑜伽馆的卡。不过照顾身体永远是女性的头等大事，我的"法门"是从生活的点滴做起，相信一饮一啄都是对身体的照料。在饮食上，我自认是个接受度很宽的人，这些年的行走带来八千里路云和月，也带来对饮食世界深入广泛的寻奇探幽。至今没有遇到什么特别难以接受的食物，觉得凡事都可理解。但凡每种文化中能够流传至今的饮食，尤其是那些不容易被

主流文化同化的，都有它存在的道理，背后则是厚重的地域文化背景。我庆幸能一直对世界保有好奇心，喜欢寻找表象背后的文明积淀，因此饮食于我不再是口与胃的试验场，而是心与脑的体验馆。

想了解更多素食的领悟，来新浪微博找我 @ 任芸丽

　　我并不因为自己天生口味清淡就拒绝很多尝试，也不会因为喜欢素食就全盘拒绝肉类。其实，"偏"这个概念我们每个人都有，爱一个人即是他人眼中的"偏心"，爱一只千寻万觅才找到恰当色号的口红即是执念。万物远远近近，并不重要；万事有大有小，并不确定。世界在我们内心的涟漪最为真实，没有"偏"过才是遗憾呢。当然，"偏"不能久长，这是真的。我们可以把每一次失去当作从"偏"中走出来，迈向更广阔的山海与人群。这世界如此公平，以致我们诚惶诚恐。

　　其实，"偏即是重"的理念，我一直在身体力行，只是没有总结过。偶尔素素和偶尔荤荤，都是挺好的体验，也是对身心的调剂。我们不要拒绝天地所给予的一切，也不要拒绝飞逝时光中的每次邂逅。同样的道理，一次推窗眺望的喜悦，一袭黄昏光线的浸染，一场肩膀扎实的倚靠，一颗梦醒之后的寒星；抑或是一只街道拐角处的猫咪，一片黄叶飘落打到发梢的瞬间，都是这个世界给予我们的小小馈赠。对于生活中的小感动、"小确幸"，我从来也没有准备好过，但是我从来都会坦然地接受。

　　敞开一颗心，得到更多爱，在这颗急速飞驰的小小星球上。

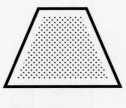

目　录

Part 1
素食态度
—

Part 2
健康素食
—

CONTENTS

Part 3
烹好素
—

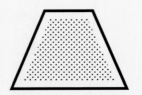

目 录

CONTENTS

附录

Part 1
素食态度

-

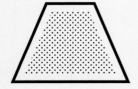

欢迎弹性素食

素食主义, 在公元前 500 年前后的毕达哥拉斯时代具有高尚而严肃的教义, 历经 2500 多年的消失与重现, 变幻成为今天这般前瞻而且时髦的生活方式。越来越多的年轻人惊叹: "天呐, 吃素好洋气! " 你看, 它比任何一个时代都更有理由进入现代生活。

Elastic
Vegetarian Diet

Salt

"天呐，吃素好洋气！"

英国哈里王子和梅根王妃在婚宴上采用全素菜单，再次引领《VOGUE》杂志曾预言的素食婚礼潮流。明星和模特们在网络上不吝分享素食食谱，学霸影后娜塔莉．波特曼 (Natalie Portman) 亲自示范"茄汁鹰嘴豆"做法；气质男神黄轩拍摄"我的新挑食主义"公益宣传片和 2018 蔬食海报，鼓励大家"少吃肉"。《阿凡达》导演詹姆斯．卡梅隆 (James Cameron) 与《海豚湾》导演路易．普斯霍约斯 (Louis Psihoyos) 拍摄素食纪录片《游戏改变者》(The Game Changers)，并于 2018 年 1 月在圣丹斯电影节放映。

另一方面，很多我们耳熟能详的名字也出现在素食产业领域。高科技植物肉初创公司获得大波富豪与名人投资，比尔．盖茨 (Bill Gates)、"小李子"莱昂纳多 (Leonardo DiCaprio) 纷纷投资"超越肉食"(beyond meat)，让植物汉堡进入超市；李嘉诚投资"不可能食物"(Impossible Foods)，研发肉食和奶酪的植物替代品。不同行业的精英，依靠敏锐的市场洞察力，纷纷转投素食产业，原本就在餐饮行业内的就更不鲜见了，比如麦当劳前 CEO 唐．汤普森 (Don Thompson) 在离开麦当劳后，开始着手经营素汉堡生意。

Salt

**"身体会在试错中告诉你
它喜欢豆浆还是牛奶"**

随着国内跑步运动在精英阶层的流行，超马之神斯科特．尤雷克(Scott Jurek)的书籍《素食 跑步 修行》更是影响了一大波中国读者和运动达人。

收回目光看看身边，其实国内素食餐厅的增长速度已经让人们来不及去"拔草"，越来越多的传统餐厅愿意开发纯素菜谱，举办蔬食快闪晚宴，燕麦奶、杏仁奶进入寻常咖啡馆，提供除了牛奶和豆奶以外的更多植物奶选择。铺天盖地的素食资讯和线下沙龙让爱吃素的朋友们不仅不寂寞而且进步快……

尽管如此，你也没必要急着在朋友圈宣布："从今天开始成为素食者！"更不需要吓唬自己说："我再也不能吃肉了！"无论源于生态、文化、道德、健康等因素，你都有权利在接受"友善的建议"之前首先考虑自己可以接受的节奏。别忘了，"偶尔吃点素"也是健康加分项。

比起对一种生活方式"坚定不移"，我们更提倡保持开放式的态度。令人屡屡谈及的"养生达人"宋美龄，年轻时为自己建私人奶牛场，坚持每天喝鲜牛奶，中年时因为皮肤过敏限制牛奶饮用量，最终在晚年戒掉奶制品，她跨越3个世纪保持美貌与长寿，其中的健康哲学不是坚持吃什么和坚持不吃什么，而是保持感知与思考，并对答案做出动态调整。坚定，意味着忠于自己的领悟或别人的经验，但也意味着一成不变。吃饭是件轻松、享受的事，没必要那么"坚定"。任何饮食结构都无法宣称绝对的好或不好，只有适合或不适合，如果拒绝尝试，没准就错过了真正适合的，正如"美龄粥"的故事一样，身体会在试错中告诉你它喜欢豆浆还是牛奶。

注：
据说，宋美龄有段时间茶饭不思，府里的大厨用香米和豆浆等食材熬了一锅粥。宋美龄吃了胃口大开，后来就成了她钟爱的一道粥。再后来，传到民间，美其名曰"美龄粥"。

从健康的角度来看，我们的日常饮食中是需要适量蛋白质的。肉类食材在提供丰富蛋白质的同时，也会带来饱和脂肪酸摄入增多、食物链富集毒素增多的风险。尽管如此，如果你是个"无肉不欢"的人，也不必觉得懊恼，这不是不可平衡的，偶尔吃点素，在某一天把肉类食材挤出我们的菜单，用素食食材中的植物化学物和膳食纤维来平衡我们的身体。毕竟健康是所有生活方式的根本。

生活需要原则，也需要松弛。与其立 flag（旗帜）召唤意志为难自己，不如让身体自由选择。所以，请以身体感受和独立思考给自己一个不急不躁的答案。欢迎弹性素食。

文 ｜ NINI

让素食更有味

素食给人的印象是平淡无味，
但其实并非如此。
如果常备一些家常的调味料，
就可以给素食增色不少。

酱油

Soy Sauce

黄豆酿成的酱油最好，无论是红烧还是焖煮，都少不了酱油的身影。如果少了酱油，可能餐桌上要少一大半的菜。家里备一瓶酿造酱油是必不可少的。

素沙茶酱

Element Satay Sauce

沙茶味是广东、闽南、台湾菜中常用的，可以用在各种煲中，增添一丝温暖的辛香味道。在面汤中加入沙茶，喝起来更暖胃暖心。

豆豉酱

Black Bean Sauce

豆豉的独特味道，在蒸菜里可谓画龙点睛，和豉油搭配更是相得益彰。像苦瓜这样的菜，有了豆豉也会变得更有吸引力。

豆腐乳

Fermented Bean Curd

豆腐乳不但是配粥的小菜，作为调料也极好。以腐乳空心菜为代表，在炒菜时加入一些，风味独特，各种煲中加入，味道也更加浓郁。

普宁豆酱

Puning Fermented Soybean

这是潮汕人爱吃的一种酱。炒空心菜、白菜等蔬菜时放入，蘑菇精和盐都不用放了。煮咸粥、焖煮炖菜时加入也很好，有咸味之余还有鲜味。

蛋黄酱

Mayonnaise

由蛋黄和橄榄油制成，可以作为沙拉酱的基础酱料，也可以用来蘸油炸食品，非常美味。

橄榄油

Olive Oil

橄榄油具有独特的香气，制作西式素食沙拉，有时甚至只需加入橄榄油、盐和黑胡椒就很美味。

素蚝油

Element Oyster Sauce

素蚝油，有鲜味又免去了蚝油的腥味，在做焖烧菜的时候加入，很不错哦。

番茄沙司

Tomato Sauce

无论中餐还是西餐，它都能大显身手，浓郁的果香带来酸甜的口味，用于烹调又或点蘸都很适合。

各种香料

Spice

花椒、肉桂、八角、生姜……加入少许，味道就有了自己鲜明的特色，常备几种也很重要。

各种香草

Herb

罗勒、百里香、迷迭香、牛至……春天家里种上几盆香草，不仅每餐都能增添香气，还可以作为茶饮享用。

第戎芥末

Dijon Mustard

在制作三明治或汉堡包时很常见，有开胃的功效，可以根据需要选择颗粒感强的或非常细腻的质地。

罗勒酱

Basil Pesto

罗勒酱由新鲜罗勒、松子、帕玛森奶酪和橄榄油制成，可以搭配多种西餐料理，带来清新的香气。

素食会给你带来哪些好处

心灵平和安详

选择素食，不管出发点如何，在我们做出这一餐选择的同时，就意味着减少了动物因为人类的口腹之欲而被杀的机会。无论我们是每周一素，还是完全素食，在每次进餐时都可以重复告诉自己这一初心，愿我们的一举一动，能使别的生命无敌意、无危险。久而久之，不仅对动物，对于身边的人，不管是亲朋好友，还是陌生人，都用这样的心去对待，不但会减少很多恶性竞争和争执，而且自己也会很自在、很欢乐。

不费大力就为环保做贡献

在"世界环境日"，联合国粮农组织官员在微博上向大家发起素食倡议：每周吃一次素食，可以节约近万升的水，因为生产 500 克的牛肉，需要耗费这么多水。另外还可以减少畜牧业产生的温室气体排放。这一举措不仅可以帮助处于水和空气污染地区的朋友，更重要的是，水、空气和我们自己的生活息息相关，保护水和空气资源就是保护我们自己和亲人的生命。

降低患病概率

健康是一件往往在失去以后才意识到珍贵的东西，疾病不仅使自己和亲人痛苦不堪，也是沉重的经济负担。保持良好的生活方式，是有预见的明智之举。即使是一周只吃一次素食也能降低患慢性疾病，如癌症、心脏病、糖尿病、高血压、肥胖的风险。美国前总统克林顿就是以全素食抵御了心脏病对他生命的威胁。

增强耐力

很多人对素食者的印象是孱弱的。但事实上，食素的少林僧人以武术造诣闻名于世，向全世界展示着力量、耐力和柔韧性。据北京奥运会餐饮总监估计，有 20% 的运动员都是素食主义者。就像自然界的肉食动物与草食动物的区别一样，素食者耐力更强。拳王泰森在选择完全素食之后，不但依然继续运动生涯，而且性情变得温和，家庭更和睦幸福。

减轻体重

一般来说，素食者摄入的热量与荤食者相比会较低，以蔬菜、水果、全谷物为主，适当补充坚果的膳食结构会使你容易保持身材。

更容易保持健康

素食带来的各种良好的身体感受，其实都有着最基本的科学道理：各种蔬菜、水果、杂粮、菌菇类含有多种水溶性维生素，钾、镁、钙等矿物质元素，膳食纤维和低聚糖，大量抗氧化物质和一些有保健作用的功能成分。很多存在于水果和蔬菜中的维生素和植物化学物（比如花青素）会使得我们的肌肤很健康。例如蓝莓、黑莓和桑葚等蓝紫色水果都富含抗氧化剂，可有效抗击营养不良及环境因素导致的皮肤损伤。西蓝花富含胡萝卜素（能在身体内转化为维生素 A）和维生素 C，这两种维生素可让皮肤健康、亮丽。

准备一餐的时间减少

蔬果的加工处理一般会比肉类更容易，吃完饭之后的碗也比较容易洗干净。夏天更可以准备一些沙拉、果昔，既健康又节省时间。

在家吃饭的机会变多

素食想要吃好，往往需要花一些心思，这也给了我们更多在家吃饭、和家人相处的机会。在用爱心处理食物的同时，也在培养我们对家人的关爱之心。

愿越来越多的朋友尝试素食，大家吃好喝好，身体健康，带着一颗温和宽容的爱心，让这个世界更美好，也让我们自己更幸福。

蔬果厨余的处理：
制作环保酵素

虽然人们对食用酵素的作用众说纷纭，但是对于环保酵素，微博上的科普人士也承认它的清洁作用。它来自于剩余的瓜菜果皮，对环境无毒无害，清洁力很强，无论是疏通容易堵塞的下水道还是去除异味的效果都超好。尤其是柑橘皮，里面含有精油，也富有清洁作用。动手做起来吧。

用料：
蔬菜或水果厨余 3 份
红糖 1 份
水 10 份
大塑料瓶 1 个

Salt

环保酵素的制作方法

1. 将蔬果厨余洗净，里面最好有一些柑橘皮。把红糖、蔬果厨余、水放在一个大塑料瓶里，要留出一定的空间，不要太满，因为发酵过程中会产生气体。摇匀，拧紧瓶盖。
2. 在瓶子上标明日期。
3. 第一个月里每天都要拧开瓶盖放气，防止气体过满喷出来。1 个月后气体放得差不多就不用管它了。
4. 满 3 个月，环保酵素就做好了。

环保酵素清洁剂的用法

用漏勺把酵素的渣滓和液体分离。10 份水加 1 份环保酵素液体。
可以用来喷擦卫生间和厨房的墙面。
也可以直接倒入下水道，能够起到通阻作用。
洗衣服的时候加入一些，可以帮助去渍。
可以用来拖地。
养猫狗的家庭，用来洗猫窝狗窝，或者是清洁地面，可以很好地去除尿味。

用环保酵素清洁水槽的做法

把剩下的渣滓，倒入搅拌机里，加入一半的小苏打粉打匀。得到的东西用来擦洗油腻的厨房水槽，能去异味而且擦得干净、清爽！

举手之劳爱护地球，从我做起！

21

让健康环保成为
我们的生活方式

／

食素，是一种饮食习惯，更代表我们选择
与世界相处的一种方式。就如选择吃素一
样，让"健康环保"成为我们的生活方式。
生活简单，人际关系简单，在与大自然和
谐相处中寻找生活的平和与快乐。除了饮
食以外，生活方式上还有什么地方可以让
我们身体力行地"素"起来呢?

1.
尽量不使用一次性餐具，携带环保筷，
保护地球上的森林。

2.
随身携带环保袋、水杯，
尽量不使用塑料袋、不喝瓶装或杯装饮料产品。

3.
省水省电，随手关灯，更换节能电灯泡。
尽量循环用水。

4.
办公用纸两面使用，
尽量无纸化办公。

5.
垃圾分类，
有利环境，也方便环卫人员。

6.
不囤积食物，吃多少买多少。

7.
少开车，多利用公共交通工具。

让我们的生活也"素"起来，当我们选择了环保，生活会更健康，环境也减少了污染源。当我们发自内心地从自己做起，并乐在其中，就能够带动周围的人。在互联网时代，人与人、人与世界之间的关系更加紧密，是做出改变的时候了！

Part 2

健康素食

—

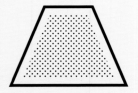

素食者要注意摄取的四种营养素及来源

素食营养家常味

素食界的明星

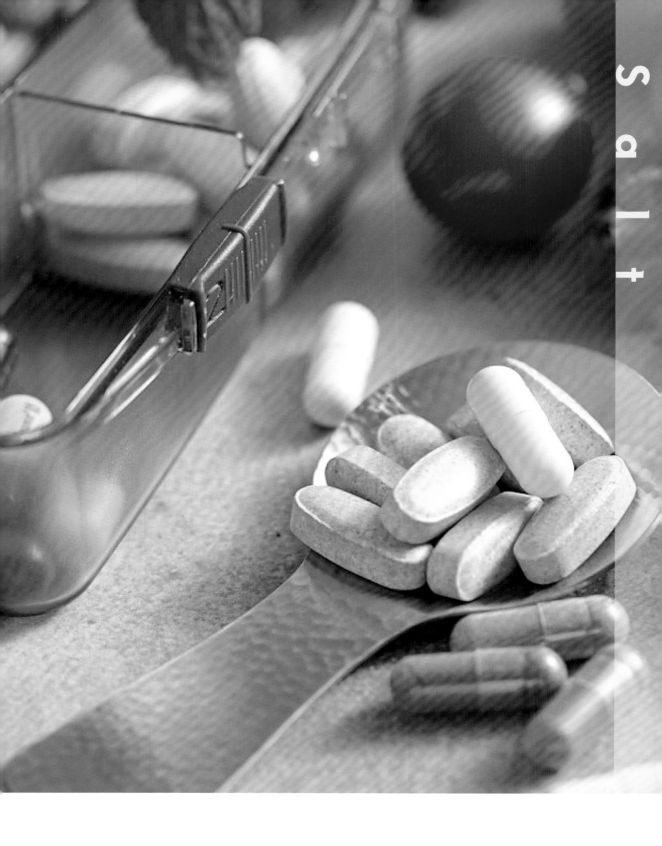

素食者
要注意摄取的
四种营养素及来源

食素能够减少心脑血管疾病的发病率，对环境、对动物、对人保持情绪稳定都有很大好处。

但是也会有一些盲点，以往的饮食习惯会使我们不小心忽略掉一些食素需要补充的营养。以下是素食者需要注意补充的四种营养素，在日常饮食生活中注意一下，食素将会更轻松、更健康哦！

1
– 维生素 B_{12} –

素食者最容易缺乏的就是维生素 B_{12},因为这种营养素在植物性食物中几乎没有。维生素 B_{12} 有助于保持神经及血液细胞健康,并合成 DNA。缺乏维生素 B_{12} 会让人感觉困倦、身体虚弱,出现便秘、体重减轻等问题,还可能产生精神抑郁等症状。好在维生素 B_{12} 在人类自身肠胃的微生物中可以合成一部分。而且过量的维生素 B_{12} 对人体反而有毒副作用,也会影响叶酸的摄取。所以除了饮食中从动物性食品中摄取外,只要适当补充就好。补充来源:维生素 B_{12} 营养剂,类似于维生素片,每日每人摄取量约为 2.4 微克。

2
– 铁 –

菠菜、韭菜、芹菜、胡萝卜、紫菜、海带、黄豆、黑豆、豆腐、红枣、木耳等食材中含有一定量的铁,但是植物性铁的吸收转化率比较低,人体很难吸收。因此,长期吃素的人群可以通过服用铁制剂来补充。平时可以常吃上述食材。食补虽然比较慢,但是对身体还是很好的。

3
– 蛋白质 –

很多人担心食素会蛋白质摄入不足,让人没有力气。事实上,在很多植物性食材中含有丰富的蛋白质,而且还是优质蛋白质。例如下面的一些食材,就是优质蛋白质来源,而且是很容易买到的。

小麦胚粉,每 100 克含 36.4 克蛋白质
青豆,每 100 克含 34.5 克蛋白质
花生仁,每 100 克含 24.8 克蛋白质
杏仁,每 100 克含 22.5 克蛋白质
芸豆,每 100 克含 22.4 克蛋白质
榛子,每 100 克含 20.0 克蛋白质
腰果,每 100 克含 17.3 克蛋白质
核桃,每 100 克含 14.9 克蛋白质
北豆腐,每 100 克含 12.2 克蛋白质
西蓝花,每 100 克含 4.1 克蛋白质
菠菜,每 100 克含 2.6 克蛋白质
牛油果,每 100 克含 2.0 克蛋白质

怎么样?
现在不担心了吧? 其实,有很多运动员都是素食者,虽然食肉者爆发力更强,但是就耐力、平衡性而言,素食者则更有优势。

吃素后可能会有这样的担心，会不会缺钙？是不是还要喝点骨头汤啊？其实，下面这几种食物不但好吃，而且也是钙的好来源。

萝卜缨

也就是萝卜苗，在食品成分表中，每 100 克胡萝卜缨含钙 350 毫克，排在所有蔬菜含钙量的第一位，小萝卜缨含钙 238 毫克，青萝卜缨含钙 110 毫克，也在含钙排行榜中名列前茅。

燕麦

各种谷类粮食当中，以燕麦的钙含量最高，达精白大米的 7.5 倍之多。尽管燕麦中的钙吸收率不如牛奶中的钙，但对预防钙缺乏也是有好处的。如果将燕麦和黑芝麻一起熬成美味的粥品，补钙效果更佳。

豆制品

据《中国食物成分表》统计：

每 100 克大豆含钙 191 毫克。

每 100 克黑豆含钙 224 毫克。

每 100 克青豆含钙 200 毫克。

每 100 克豆腐含钙 164 毫克。

每 100 克豆腐丝含钙 204 毫克。

每 100 克豆腐干（小香干）含钙 1019 毫克。

含钙量都非常高，是良好的钙质来源。

苋菜、小油菜

不少绿叶菜在补钙效果上也不逊色。另外，蔬菜含有大量有助于钙吸收的矿物质和维生素 K。蔬菜用沸水焯过再烹调，钙的吸收率会更好。100 克小油菜中的钙含量是 153 毫克，钾含量是 157 毫克，镁含量是 27 毫克。镁本身也是骨骼的成分之一，而充足的钾和镁又有利于减少尿钙的流失。所以，像小油菜这样同时含有大量钾、钙、镁的青菜，无疑是非常理想的健骨食品。此外，青菜中还含有丰富的维生素 K，有助于钙沉积入骨骼。值得一提的是，小白菜、小油菜、羽衣甘蓝等蔬菜中含草酸较低，对钙的吸收利用妨碍较小。

还有一种促进钙吸收与利用的好方法：晒太阳。纯素食者必须经常晒太阳，靠紫外线作用于皮下组织的 7- 脱氢胆固醇来自行合成维生素 D。维生素 D 促进钙的吸收与利用。

素食营养家常味

从身边可得的食材入手，不必特意寻找，
也可以做到素食营养均衡哟。

钙之星

其实，钙的获取并不一定要依靠动
物性食材，手边很多绿色蔬菜都是
钙的宝库。

* 每 100 克绿苋菜（可食用部分）含钙量为 187 毫克

上汤苋菜

用料：
苋菜 300 克，皮蛋 1 个，咸鸭蛋 1 个，大蒜 3 瓣，姜片 1 片，素高汤 250 毫升，盐 2.5 克。

做法：
1. 苋菜择洗干净，皮蛋和咸鸭蛋分别去壳切成小块。
2. 烧开一锅水，放入苋菜焯烫 2 分钟，捞出控干备用。
3. 炒锅中放入油，中火加热至五成热，放入蒜瓣和姜片煸至微焦。
4. 放入皮蛋块和咸鸭蛋块翻炒片刻，待炒出泡沫后放素高汤烧开，调入少许盐，最后放入焯过的苋菜煮开即可。

红枣燕麦黑芝麻糊

用料:
黑芝麻 200 克,快熟燕麦片 50 克,糯米 50 克,
红枣 5 个,冰糖 30 克。

做法:

1. 用小火加热一个干净炒锅,放入黑芝麻和糯米轻
   轻翻炒,直至散发香气。注意不要炒焦,以免成品
   发苦。

2. 红枣洗净,去核取肉,和其他食材一同放入料理机
   中,加入 60℃左右的热水搅打成细腻的稀糊状。

3. 把搅好的糊倒入滤网滤除较大的渣滓,得到的液
   体倒入锅中,一边搅拌一边用小火加热至理想的
   稠度即可。(可用红枣条装饰)

Tips:
如果家中有豆浆机,也可以把黑芝麻炒熟后用豆浆机的
米糊功能制作。

* 每 100 克黑芝麻(可食
用部分)的含钙量为 780
毫克

蛋白质之星

很多植物性食材的蛋白质含量一点
都不比鸡蛋和牛奶低，补充蛋白质，
别忘了还有各种谷物、坚果和蔬菜。

* 每 100 克芝麻酱的蛋白
质含量为 1170 毫克

注：
1 茶匙 = 5 克，1 汤匙 = 15
克，1 杯 = 200 毫升。

麻香菠菜卷

用料：

菠菜 300 克，芝麻酱 30 克，醋 5 毫升，生抽 5 毫升，白糖 5 克，香油 2.5 毫升，盐 2.5 克，大蒜 1 瓣，熟白芝麻少许（装饰用），枸杞子少许（装饰用）。

做法：

1. 菠菜择洗干净，烧开一锅水，放入菠菜焯烫 2 分钟捞出，放入凉白开中过凉备用。

2. 芝麻酱中调入 2 汤匙凉白开澥开，调入生抽、醋、白糖、香油、盐调匀，制成味汁。

3. 菠菜从凉水中取出，留几条长梗捆扎用，其余码放整齐后挤出多余水分，切成小段。

4. 利用留用的长梗把切成小段的菠菜捆扎一下，以免上桌时散开，然后把菠菜卷码放在盘中，淋上芝麻酱味汁，撒上白芝麻和枸杞子即可。

葱油豆腐

用料:
石膏豆腐 400 克,香葱 2 棵,大葱 1 段,小洋葱 1 个,盐 8 克,素高汤 100 毫升,水淀粉 30 毫升。

做法:

1. 石膏豆腐切成 2 厘米见方的小块, 放入冷水锅中并加入 5 克盐, 煮开 3 分钟后捞出, 放入冷水中备用。

2. 香葱一半切成葱花, 一半切段; 大葱切片; 小洋葱切丝备用。炒锅中放油, 中火加热至三成热时放入香葱段、大葱片和洋葱丝, 炸至葱丝发焦时捞出葱渣, 油留在锅中。

3. 继续用中火加热炒锅。捞出豆腐块, 控干后放入炒锅中, 轻轻晃动炒锅, 使豆腐受热均匀。倒入素高汤煮至沸腾, 调入盐, 轻轻把豆腐推开, 翻拌均匀。

4. 淋入水淀粉, 再次翻拌均匀, 出锅前撒上香葱葱花即可。

* 每 100 克豆腐的蛋白质含量为 164 毫克

铁之星

虽然植物性食材中的铁利用率相对较低，但是我们摄取植物性食材时往往量比较大，所以也是有补充价值的。

* 每 100 克水发木耳的铁
含量为 5.5 毫克

素木樨

用料：
水发木耳 150 克，鸡蛋 3 个，黄瓜 1/2 根（约 60 克），
葱花 10 克，生抽 15 毫升，盐 2.5 克。

做法：
1. 水发木耳洗净，择掉老根，放入开水锅中煮 3 分钟，
   捞出控干；鸡蛋打散；黄瓜洗净，切成小片。

2. 大火加热炒锅，放入油烧至六成热，倒入蛋液划散，
   全部凝固后盛出备用。

3. 炒锅中留底油，继续大火加热，放入葱花煸炒出香
   味，放入木耳翻炒片刻，加入黄瓜片略翻炒，沿着
   锅边淋入生抽并翻炒均匀。

4. 鸡蛋碎放回锅中继续翻炒片刻，调入盐即可出锅。

海带炖土豆

用料：

海带（发好）200 克，土豆（中等）2 个，鲜香菇 50 克，小红葱头 1 个，姜片 2 片，大蒜 3 瓣，八角 1 个，郫县豆瓣 30 克，白糖 5 克，老抽 5 毫升，葱花少许。

做法：

1. 海带漂洗干净，切成菱形片；土豆洗净，去皮切大块；香菇洗净去蒂，切成四瓣；红葱头去皮切成四瓣。

2. 炒锅中放油，大火烧至四成热，放入郫县豆瓣、红葱头瓣、蒜瓣、姜片、八角煸炒出香味，放入海带片、土豆块和香菇块翻炒均匀，加入白糖和老抽，再次翻炒均匀。

3. 锅中放入热水，刚好没过食材即可。盖好锅盖，大火烧开后转中小火煮 15 分钟。

4. 由于海带通常比较咸，所以出锅前根据情况判断是否需要再调入盐。出锅后将葱花撒在菜肴上即可。

* 每 100 克海带的铁含量为 3.3 毫克

素食界的明星

如果你关注素食，
那么有一些食材一定特别眼熟，
因为它们绝对称得上是素食界的明星食材。

藜麦芦笋沙拉

藜麦

这种蛋白质含量超高的古老作物，最近是红得发紫，
作为富含碳水化合物的食材，很难得地体现了全营养的特性。

椰香奇亚子杏干土豆球

奇亚子

奇亚子所含 α - 亚麻酸（ω-3 的一种）是植物食材中比较突出的，同时钙含量颇高，
对于素食者来说，是不可多得的好食材。

藜麦奇亚子南瓜浓汤

南瓜

别看南瓜不起眼，它可是素食爱好者们的心头好呢。它不但能提供天然的香甜口味，所含营养也非常丰富，不仅具有控糖降压的食疗功效，还可以提供丰富的钙。

藜麦芦笋沙拉

用料：
藜麦 150 克，软子石榴子 50 克，芦笋 1 小把，巴旦木 50 克，西洋菜 50 克，软质奶酪（里科塔奶酪或茅屋奶酪均可）50 克，石榴糖浆 15 毫升，特级初榨橄榄油 15 毫升，海盐、黑胡椒碎各少许。

做法：
1. 藜麦洗净，放入小锅，加入 150 毫升水，用大火煮开，调成小火焖煮 12 分钟至全部变软熟透，关火后再焖 5 分钟让藜麦继续吸收水分，然后放至冷却。
2. 把石榴糖浆、海盐、特级初榨橄榄油和 30 毫升水放入一个小碗中，搅拌均匀。取一半量加入冷却的藜麦饭中混合均匀，另一半留用。
3. 芦笋洗净，削皮后去掉老根，放入开水锅中焯 1 分钟，捞出用凉白开过凉，沥干备用；西洋菜洗净取嫩叶部分；巴旦木切碎。
4. 大碗中放入芦笋、藜麦饭、西洋菜，撒上巴旦木碎、软子石榴子和掰碎的软质奶酪，最后淋上剩余的沙拉汁和黑胡椒碎即可。

藜麦奇亚子南瓜浓汤

用料：
南瓜 200 克，白藜麦 50 克，奇亚子 15 克，南瓜子 5 克，红葱头 1 个，素高汤 1 碗，帕玛森奶酪 1 小块，淡奶油 100 毫升，橄榄油 15 毫升，海盐、黑胡椒各少许。

做法：
1. 南瓜去皮切块；红葱头去皮切小块，均用橄榄油和少许海盐拌匀，放入烤盘中，烤盘一角铺上南瓜子，送入预热至 200℃的烤箱烤 15 分钟。
2. 烤过的南瓜子留用，南瓜块、白藜麦和红葱头放入锅中，加入素高汤和 1 碗水，小火煮至汤汁减少 1/4，南瓜软烂。
3. 把煮好的汤放入食品处理机中搅打至顺滑，重新放回煮锅中，小火加热至理想的浓度。
4. 加入淡奶油继续熬煮 3 分钟，调入海盐和黑胡椒碎，倒入汤碗中，最后撒上奇亚子、南瓜子，用擦丝器把帕玛森奶酪擦成碎屑撒在汤上即可。

椰香奇亚子杏干土豆球

用料：
土豆 1 个（200 克），面粉 30 克，奇亚子 30 克，椰子油 15 毫升，杏干 200 克，椰蓉 100 克。

做法：
1. 土豆洗净，放入煮锅煮至全熟，去皮后压成泥状。
2. 杏干切碎；奇亚子用水泡开沥干。
3. 把土豆泥、杏干、奇亚子、椰子油和一半分量的椰蓉加入土豆泥中，加入面粉揉捏直至成团，然后分成小份搓成丸子状。
4. 中火加热深锅中的油，七成热时放入土豆球炸至金黄色捞出沥干，裹上剩余的椰蓉即可。

甜菜根鹰嘴豆泥

甜菜根

甜菜根其实是很传统的食材，它具有鲜艳的颜色和甜蜜的滋味，
在制作一些比较特别的素食时经常被使用，虽然是土生土长的食材，却也十分"洋气"。

茄汁炖鹰嘴豆

鹰嘴豆

鹰嘴豆也叫三角豆，是西亚地区特有的作物。
作为碳水化合物的极好来源，用来代替日常主食的精米白面，可以提供
比精粮更加丰富的营养，还不易使人发胖。因此，近年来鹰嘴豆也成为了素食者餐桌上的一个热点食材。

甜菜根鹰嘴豆泥

用料：

甜菜根 1/2 个，罐头鹰嘴豆 1/2 罐，酸奶油 45 毫升，熟腰果 50 克，柠檬 1/4 个，橄榄油 15 毫升，欧芹叶 1 小把，盐、黑胡椒碎各少许，面包棍或苏打饼干适量。

做法：

1. 甜菜根去皮，切掉底部老硬部分，切成 1 厘米见方的块，加入橄榄油和少许盐拌匀，送入预热至 200℃的烤箱烤 20 分钟。

2. 把甜菜根块、鹰嘴豆、2 汤匙酸奶油一起放入搅拌机中，熟腰果留一小把，其余也放入搅拌机一起搅打至顺滑，如果太干，可以加入少许水。

3. 按口味调入盐和黑胡椒碎，挤入柠檬汁，欧芹叶洗净切碎后放入搅拌机，和甜菜根泥一起搅拌均匀。

4. 把甜菜根泥装入碗中，加入剩余的酸奶油并略搅拌，撒上切碎的熟腰果即可用面包棍或苏打饼干蘸食。

茄汁炖鹰嘴豆

用料：

罐头鹰嘴豆 1 罐，洋葱 1/2 个，番茄 1 个，口蘑 5 个，胡萝卜 1/2 根，红彩椒 1/2 个，蒜末 4 克，月桂叶 2 片，欧芹 1 小把，罗勒 1 小把，番茄酱 1 汤匙，海盐、黑胡椒碎各少许，橄榄油 20 毫升。

做法：

1. 鹰嘴豆沥干水分备用；番茄、彩椒、胡萝卜均洗净切成小丁；洋葱切碎备用；欧芹和罗勒均取叶洗净，切碎，欧芹梗留用，切断；口蘑洗净切片。

2. 炒锅中放入 1 汤匙橄榄油，中火加热至六成热，放入洋葱碎和蒜末煸炒至变色，然后放入胡萝卜丁、鹰嘴豆、番茄丁、彩椒丁和口蘑片翻炒片刻。

3. 加入番茄酱翻炒均匀后加入 1 杯水（或素高汤），放入月桂叶、欧芹梗段和少许黑胡椒碎，加盖焖煮 15 分钟。

4. 当水量减少 1/3 时，挑出欧芹梗和月桂叶，撒上罗勒叶和欧芹叶碎，搅拌均匀，按需调入海盐，出锅后淋上少许特级初榨橄榄油即可。

辣牛油果酥皮挞

牛油果

牛油果虽然脂肪含量很高，但它所含的脂肪以不饱和脂肪酸为主，同时矿物质含量也颇高。
作为西式料理的常用食材，味道又很特别，所以成为了比较流行的明星食材。

烟熏豆腐热沙拉

豆腐

这种起源于中国的古老食材可以说是素食者获取蛋白质的一个重要途径。由于制作工艺的不同，最终的成品口味千差万别，因此，在素食菜肴中的应用非常广泛。

辣牛油果酥皮挞

用材：

牛油果 2 个，干层酥皮 2 张，鸡蛋 3 个，淡奶油 100 克，干辣椒碎 15 克，北豆腐 150 克，盐 5 克。

做法：

1. 牛油果取果肉，切成 1 厘米见方的小丁；干层酥皮解冻后每张切成 4 个正方形。

2. 在玛芬模具中刷一层油，然后把酥皮按入模具中，使其紧贴模具。

3. 鸡蛋打散，加入淡奶油混合均匀，调盐制成蛋奶液。

4. 在酥皮中放入牛油果丁和掰碎的豆腐，加入蛋奶液，撒上一半干辣椒碎。烤箱预热至 200℃，送入烤箱烤 20 分钟。

5. 出炉后撒上剩余的干辣椒碎即可。

烟熏豆腐热沙拉

用料：

北豆腐 400 克，小番茄 4 个，奶白菜苗 1 小把，红薯粉 30 克，烟熏烧烤酱 15 克，盐、黑胡椒碎、烟熏甜椒粉各少许，柠檬 1 角。

做法：

1. 北豆腐用纱布包好放入盘中，盖上另一个平盘，用重物压 15 分钟，使水分减少。把豆腐切成小块，放在厨房纸巾上尽量擦干，撒上红薯粉翻拌一下。

2. 小番茄洗净，剖成四瓣；奶白菜掰开，洗净。不粘平底锅中放入油，中火加热至油温七成热时，放入豆腐煎炸至表面金黄，取出，吸去多余油脂备用。

3. 锅中留少许底油，放入番茄煎至表面起皱，取出放入盘中。继续加热平底锅，放入奶白菜煎炒至变色，盛入装有番茄的盘中。

4. 烟熏烧烤酱中调入少许盐和黑胡椒碎，加入 1 汤匙水混合均匀，制成烟熏烧烤酱汁。

5. 把豆腐盛入装有热蔬菜的盘中，淋上烟熏烧烤酱汁，挤少许柠檬汁，最后撒上少许烟熏甜椒粉即可。

烤罗马西蓝花沙拉

罗马西蓝花

也叫塔菜花、佛头菜，有着让人着迷的规则花纹，
味道比西蓝花更加清新，口感也更脆嫩一些，它应该是靠颜值成为素食明星的。

温拌花生菠菜

菠菜

菠菜这么普通的食材也是素食明星？没错，因为它作为绿色蔬菜的代表，的确是素食者离不开的好食材。
值得一提的是，生食菠菜这种西餐中常见的吃法还蛮特别的。

烤罗马西蓝花沙拉

用料：
罗马西蓝花1棵，大蒜1头，芝麻菜叶1小把，柠檬1角，松子仁1把，橄榄油30毫升，盐、黑胡椒碎各适量。

做法：
1. 西蓝花洗净，分成小朵，沥干后用橄榄油、盐和黑胡椒碎拌匀并放入烤盘。
2. 大蒜切去顶部的1/4，露出蒜肉，淋入少许橄榄油，也放入烤盘。
3. 烤箱预热至200℃，送入烤盘烤25分钟，直至西蓝花表面上色，取出后略放凉，和洗净的芝麻菜叶一起混合均匀。
4. 取一半的蒜压成泥，另一半保持完整。把蒜泥加入西蓝花和芝麻菜中翻拌均匀。
5. 最后放入松子仁、完整的蒜瓣，挤上柠檬汁，再额外撒少许黑胡椒碎即可。

温拌花生菠菜

用料：
菠菜1把（300克），花生仁100克，八角1个，桂皮1小段，月桂叶3片，蒜末2克，芝麻酱15毫升，生抽15毫升，白糖5克，醋5毫升，熟白芝麻少许，盐适量，香油5毫升。

做法：
1. 花生仁用冷水浸泡过夜，去掉红皮后放入煮锅，加入足量冷水，放入八角、桂皮和月桂叶煮30分钟，捞出备用。
2. 菠菜洗净，去掉根部，焯烫至全部变色时马上捞出，挤掉多余水分，切成1厘米长的小段。
3. 芝麻酱中加入少许煮花生的水，调成稀糊状，然后加入生抽、醋、白糖和香油调匀成芝麻酱汁。
4. 炒锅中放入油，大火加热至六成热时放入蒜末炒出香味，放入菠菜段翻炒片刻，让菠菜都沾上油，加入花生仁，翻炒均匀后熄火。
5. 把菠菜花生盛入碗中，淋上调好的芝麻酱汁，最后撒少许熟白芝麻即可。

抱子甘蓝芦笋贝壳面

抱子甘蓝

小巧可爱的圆白菜谁不喜欢，由于结构比大棵圆白菜更加紧密，所以口感也更扎实，用烤或扒的烹调手法加工后颜色非常诱人，因此成为了新一代的素食明星。

秋葵冷豆腐

秋葵

截面像星星一样的秋葵不仅颜值高,营养价值也很高。秋葵中的多糖含量比较高,而多糖含量高的食物通常具有调节免疫力、促进细胞恢复、抗癌等作用。

抱子甘蓝芦笋贝壳面

用料：
抱子甘蓝 200 克，芦笋 100 克，蒜末 4 克，贝壳意面 100 克，安全蛋黄 2 个，干辣椒碎 5 克，橄榄油、海盐、黑胡椒碎各适量。

做法：
1. 烧一大锅水，放入少许盐和橄榄油，放入贝壳意面煮至八成熟。
2. 煮面时把抱子甘蓝洗净，切掉根部，根据大小剖成四瓣或对半剖开；芦笋洗净，削掉根部表皮和老硬部分，切成斜段备用。
3. 平底锅中放入橄榄油，大火加热至七成热。放入蒜末、抱子甘蓝和芦笋段煎至表面微焦，加入干辣椒碎略翻拌均匀。
4. 捞出意面控干水分，放入平底锅中翻炒均匀，调入海盐和黑胡椒碎后熄火，略降温后放入安全蛋黄拌匀即可。

Tips:
蛋黄是熄火后才加入，起到调味和增稠的作用，虽然余温可以加热蛋黄，为安全起见请使用可生食的安全鸡蛋的蛋黄为妥。

秋葵冷豆腐

用料：
内酯豆腐 1 盒，秋葵 5 个，小米椒 1 个，日式酱油 50 毫升，日式芥末、盐各少许。

做法：
1. 秋葵洗净擦干，用少许盐搓表面，把表面的绒毛去掉，然后切掉蒂部；小米椒洗净，切成小粒。
2. 大火烧开一锅水，放入秋葵焯烫 2 分钟至熟，捞出放入凉白开过凉，然后切成小片。
3. 日式酱油中加入少许日本芥末调匀，放入小米椒粒，放置片刻制成调味汁。
4. 豆腐取出，放入盘中，顶端放上秋葵片，淋上调味汁。

Tips:
这里的日式酱油也可以用蒸鱼豉油来代替。

蘑菇

蘑菇荞菜辣炒荞麦面

蘑菇是素食者使用率非常高的食材，它不但能提供丰富的蛋白质，同时不同品种的蘑菇带来的清新气味，以及或爽滑或劲道的口感也让人迷恋。

羽衣甘蓝

澳菌盐烤羽衣甘蓝

羽衣甘蓝传说中的净化血液作用实际上得益于它降低胆固醇和抗氧化的作用，其他绿叶蔬菜的优点它也统统具备，同时它还具有一定的抗抑郁作用，因此在普遍感到压力很大的现代人中颇为流行。

蘑菇芥蓝辣炒荞麦面

用料：
芥蓝 1 小把，金针菇 1 小把，鲜香菇 2 朵，杏鲍菇 1 个，蟹味菇 1 小把，红葱头 1 个，蒜片 2 克，朝天椒 1 个，荞麦面 1 小把，生抽 15 毫升，素蚝油 5 毫升，白糖 5 克，盐少许，香油少许。

做法：
1. 芥蓝洗净，去掉根部表皮和老叶，斜切成 5 厘米长的段备用；朝天椒切片；杏鲍菇和香菇洗净，切成厚片；红葱头洗净，切丝备用。
2. 深锅中注入适量水，水烧开后放入芥蓝段，焯烫 2 分钟捞出备用；荞麦面煮至八成熟，捞出。
3. 煮面的同时，炒锅中放入花生油，大火加热至六成热，放入红葱丝和蒜片煸炒至焦黄，取出备用。
4. 继续加热炒锅，在炒锅中放入三种菇，煎炒至表面微焦，加入朝天椒片翻炒，放入芥蓝段翻炒 2 分钟。
5. 锅中加入生抽、素蚝油、白糖和 1 汤匙水，炒至汤汁浓稠后放入盐、香油、红葱丝和蒜片，翻炒均匀，盛出备用。
6. 继续加热炒锅，把煮好的荞麦面放入锅中，用锅中剩余的汤汁翻炒，如果有些粘锅，可以额外加少许香油和水，炒至汤汁全部裹在面条上后装入盘中，撒上炒好的蔬菜即可。

海苔盐烤羽衣甘蓝

用料：
羽衣甘蓝 350 克，香油 10 毫升，淡口酱油 10 毫升，烤海苔 1 片，熟白芝麻 10 克，七味粉 2.5 克，海盐 4 克，黑胡椒碎少许。

做法：
1. 羽衣甘蓝洗净沥干，去掉梗，叶片留用。在大碗中放入羽衣甘蓝叶，加入香油和淡口酱油混合均匀，然后分散铺在烤盘中的烹调纸上。
2. 烤箱预热至 200℃，把羽衣甘蓝送入烤箱烤 6 分钟直至酥脆。
3. 海苔切成细丝，和熟白芝麻、海盐、黑胡椒碎及七味粉一起放入小碗中，混合均匀制成海苔盐。
4. 羽衣甘蓝出炉后，撒上海苔盐即可。

Part 3

烹好素

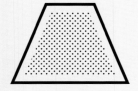

一起来吃素

要不要来一块奶酪

有机更有味

亚洲新素

经典中式素馔

一碗好汤

Salt

一起来吃素

/

并不是所有的派对都需要有酒有肉，
找个日子大家一起来吃点素，度过一个身心都轻盈舒畅的下午，
给紧张的生活和负重的肠胃放个假。

香酥鹰嘴豆

用料：

鹰嘴豆 250 克，盐 5 克，茴香粉 5 克，孜然粉 5 克，薄荷叶 1 小把，橄榄油 30 毫升，柠檬 1 个。

做法：

1. 鹰嘴豆洗净，用足量冷水浸泡过夜，捞出后放入煮锅，加足够的冷水煮 30 分钟至八成熟，凉凉后去掉豆衣。

2. 把鹰嘴豆尽量控干，放在厨房纸巾上轻轻滚动擦干，然后放入一个大碗，加入橄榄油彻底搅拌均匀，之后铺在烤盘中。

3. 烤箱预热至 180℃，放入鹰嘴豆先烤 30 分钟，取出烤盘，加入切碎的薄荷叶，再次送入烤箱，继续烤 20 分钟。

4. 烤好的鹰嘴豆马上混入盐、茴香粉和孜然粉，挤入柠檬汁，充分翻拌均匀即可。

Salt

蘑菇杏仁意面

用料:

鸡蛋黄 3 个，无糖杏仁奶 200 毫升，各色蘑菇 400 克，蒜片 3 克，羽衣甘蓝 4 片，帕玛森奶酪 20 克，盐、黑胡椒碎各少许，橄榄油适量，巴旦木 1 小把，宽意面 100 克。

做法:

1. 无糖杏仁奶中加入鸡蛋黄，搅拌均匀后放置一旁备用；羽衣甘蓝去梗后洗净切碎；蘑菇洗净切片或撕成小朵；巴旦木切碎。

2. 用一个大锅加入足量冷水，加少许盐和橄榄油，将水烧开后放入意面煮至八成熟。

3. 大火加热平底锅，放入橄榄油烧至六成热，放入蘑菇和蒜片煎炒至表面金黄，熄火备用。

4. 面煮好后放入装有蘑菇的平底锅中，倒入杏仁蛋黄奶和少许煮面水，放入羽衣甘蓝碎，用中火一边搅拌一边加热至汤汁完全包裹在食材上，最后调入盐和黑胡椒碎。

5. 装盘后撒上少许巴旦木碎，并用擦子把帕玛森奶酪擦成碎屑，撒在面上即可。

焦糖爆玉米花酥

用料：
爆玉米花 200 克，白糖 400 克，玉米糖浆 160 毫升，
泡打粉 1 汤匙。

做法：
1. 爆玉米花铺在一个铺好不粘烘焙纸的浅烤盘上备用。
2. 把白糖、玉米糖浆、80 克水放入煮锅，中火加热
   至沸腾，插入食物用温度计，小火加热同时搅拌 15
   分钟左右，直至温度达到 152℃。
3. 把煮锅从火上移开，迅速加入泡打粉并搅拌均匀，
   马上倒在玉米花上，放置一边，直至冷却变硬。
4. 摆盘时可以将玉米花酥掰成小块，或用玻璃纸包装。

Salt

71

**莳萝酱
奶酪三明治
配烤番茄串**

用料:

全麦面包 6 片,各色樱桃番茄 500 克,新鲜马苏里拉奶酪 180 克,莳萝 1 把,罗勒叶 1 把,帕玛森奶酪碎 20 克,特级初榨橄榄油 60 克,海盐、黑胡椒各适量。

做法:

1. 莳萝、罗勒叶、帕玛森奶酪碎、80 克橄榄油和少许海盐及黑胡椒一起放入搅拌机,搅打至细腻的酱状备用。

2. 扒盘或厚底平锅预热至高温。在每一片面包表面都刷上一层橄榄油。樱桃番茄用金属扦子穿好。

3. 先把面包放在扒盘或平底锅上炙烤至金黄酥脆,放置一边。然后把番茄串刷上少许橄榄油,放在扒盘或平锅上烧烤至表面微焦起泡。

4. 在面包上放上切片或压碎的新鲜马苏里拉奶酪,搭配烤番茄串,淋上莳萝酱并用少许罗勒叶装饰即可。

Salt

73

柠檬大蒜烤土豆

用料：

小土豆 12 个，柠檬 1 个，大蒜 8 瓣（带皮），迷迭香 3 根，初榨橄榄油、海盐、黑胡椒碎各适量。

做法：

1. 小土豆洗净，带皮切片，保持底部不切断，像梳子一样，放在铺了烘焙纸的烤盘中；柠檬切半，把柠檬汁挤在土豆上，挤过汁的柠檬重新切片备用；迷迭香取叶切碎。

2. 把柠檬片和大蒜一起铺在烤盘中，滴上足够的橄榄油，撒上迷迭香叶碎、海盐和黑胡椒碎。

3. 烤箱预热至 220℃，把烤盘放入烤箱烤 25 分钟，如果此时柠檬和大蒜已经上色，则可以把它们先取出来备用，然后把烤盘中的汤汁重新淋在土豆上，继续烤至土豆边缘也金黄酥脆即可。

4. 装盘时，把土豆、柠檬片、大蒜瓣一同摆盘，最后用新鲜迷迭香做装饰。

烤香蕉配甜辣酱

用料：
青香蕉 5 根，红美人椒 1 根，姜末 5 克，蒜末 4 克，柠檬 1/2 个，蜂蜜 60 毫升，苹果醋 15 毫升，奇亚子 5 克，初榨橄榄油 30 毫升，盐、黑胡椒碎各少许。

做法：
1. 香蕉去皮，切成 1 厘米厚的片，加入少许橄榄油和盐拌匀，平铺在烤盘中的烹调纸上送入预热至 200℃的烤箱烤 1 小时。

2. 美人椒去子切小块，和姜末、蒜末一起放入石臼中捣烂备用。

3. 在一个小锅中放入蜂蜜、苹果醋、盐和黑胡椒碎，然后放入捣好的辣椒酱，中火加热至沸腾，加入奇亚子，煮至黏稠，制成甜辣酱。

4. 把甜辣酱装入小碗，和烤好的香蕉一起上桌，蘸食即可。

油浸番茄酱
茄子卷

用料：

长茄子 1 个，油浸番茄罐头 150 克，松子 20 克，新鲜罗勒叶 1 小把，大蒜 1 瓣，柠檬 1/2 个，橄榄油 30 毫升，海盐、黑胡椒各少许。

做法：

1. 长茄子洗净，纵向剖成薄片；罗勒叶洗净。

2. 烤箱预热至 220℃。在烤盘中铺上烹调纸，然后刷上一层油，把茄子片铺在烤盘中，在表面刷油并撒上少许海盐和黑胡椒碎，送入烤箱烤 20 分钟，直至变软，可以轻松卷起来。

3. 把油浸番茄、松子、罗勒叶、大蒜和柠檬汁放入搅拌机中，加入少许海盐和黑胡椒搅打成粗颗粒状制成油浸番茄酱。

4. 烤好的茄子可以切成两半，在茄子片中放少许油浸番茄酱，然后卷起来，用牙签固定即可。

用料：
树莓 500 克，黄瓜 1/2 根（约 60 克），薄荷叶 50 克，
椰子水 1000 毫升，柠檬 2 个，石榴糖浆 20 克，
冰块适量。

做法：
1. 黄瓜洗净，切成薄片；薄荷叶洗净，一部分切碎，
   一部分留用；树莓洗净。
2. 在一个水壶中放入椰子水和石榴糖浆，柠檬榨出汁
   也加入水壶中，放入黄瓜片和树莓（留几颗做装饰），
   搅拌均匀，静置 30 分钟，使味道融合。
3. 享用前，在杯中加入适量冰块。将壶中混合饮料倒
   入杯中，用预留的薄荷叶及树莓做装饰，也可以淋
   上额外的石榴糖浆做装饰。

树莓清凉椰子水

特别鸣谢：小白、子贺

Salt

Carrot

要不要来一块奶酪

奶酪，
对于非严格素食主义者来说是很好的蛋白质和脂肪的来源。不排斥鸡蛋和牛奶的素食方式，也称为蛋奶素。遵循这种素食方式的人，通常仅仅是为了保持健康的身体，轻盈的体态，或是作为肉食者到纯素食者之间的过渡。

对于普通人来说，经常性地刻意在某些日子保持不那么严格的素食，对身体的确是有好处的，如果对饱足感特别有依赖，那么下面这些奶酪菜肴，就是你所需要的了。

无论是出于什么原因对食材中需要伤害动物而获取的原料非常介意的人，特别需要注意的是，奶酪虽然是由乳类凝炼而成，但某些使乳类凝结的凝乳酶却是从动物器官中提取的，例如传统帕玛森干酪的凝乳酶，是从小牛的胃中提取的。类似的还有卡门贝尔奶酪（Camenbert）、格鲁耶尔奶酪（Gruyere）、罗马诺干酪（Romano）等。

Brie Cheese
1 布理奶酪

这种用产地命名的奶酪，表面有一层薄薄的白霉，内心柔软细腻，从乳白色到淡黄色都很常见，奶香浓郁，有淡淡的咸味。在20世纪初被评为奶酪之王。它既可以直接作为小食食用，又可以加热化开后制作成各种料理。

迷迭香洋葱布理挞

用料：
白洋葱 3 个
鸡蛋 2 个
布理奶酪 200 克
速冻千层派皮 2 张
白酒醋 30 毫升
白糖 15 克
黄油 40 克
淡奶油 60 毫升
新鲜迷迭香 20 克
盐、黑胡椒碎各适量
豆蔻粉 1.25 克

做法：

1. 千层派皮解冻备用；洋葱去皮切丝；迷迭香留 8 根 3 厘米长的小枝，其余取叶片备用。

2. 黄油放入平底锅中，中火加热至化开，放入洋葱丝煸炒片刻，调成小火加盖焖 5 分钟，加入白酒醋、白糖、迷迭香叶，调入盐和黑胡椒碎翻炒至金棕色，制成洋葱馅。

3. 每片派皮分成 4 个正方形，按入马芬模具并用叉子在底部扎一些小洞，然后放入洋葱馅。

4. 鸡蛋磕入碗中，加入淡奶油、豆蔻粉、少许盐和黑胡椒碎，搅拌均匀后分装入派皮中，顶端放上切片的布理奶酪。

5. 烤箱预热至 200℃，把准备好的挞坯送入烤箱烤 15 ～ 20 分钟，直至派皮金黄，出炉后冷却 10 分钟后再脱模，然后在每个挞上插一支迷迭香作为装饰即可。

迷迭香和洋葱的香气被布理奶酪衬托得更加精彩，酥脆的表皮也很解馋。

不喜欢羊奶奶酪的人，一定会抗拒这道菜，
但对羊奶奶酪着迷的人，一定会爱死这个味道。

Goat Cheese
山羊奶酪

准确地说，山羊奶酪不是一种奶酪，而是指用山羊奶作为原料的一类奶酪，这种奶酪通常为半软质奶酪，有浓烈的羊奶气味，口味咸香味酸，以法国盛产。

番茄汁烩山羊奶酪面疙瘩

用料：
罐头樱桃番茄 1 罐
蒜末 4 克
山羊奶酪 30 克
鸡蛋 2 个
面粉 30 克
杜兰小麦粉 50 克（也可以用面粉代替）
白糖 5 克
橄榄油 30 毫升
海盐、黑胡椒碎各少许
西洋菜叶少许

做法：
1. 鸡蛋打散；西洋菜洗净。

2. 在一个深平底锅中放入橄榄油，大火加热至五成热，放入蒜末煸炒出香味，放入罐头樱桃番茄、水、白糖、少许海盐和黑胡椒碎，大火烧开，小火煮 6 分钟，至汤汁略减少。

3. 在鸡蛋中加入山羊奶酪搅拌均匀，加入杜兰小麦粉和面粉混合均匀，放置 1 分钟左右，然后用汤匙逐勺舀入番茄汤汁中，盖上锅盖继续焖煮至面疙瘩定型，汤汁浓缩。

4. 在餐盘中涂抹额外的山羊奶酪，淋上煮好的面疙瘩，按口味撒上现磨海盐和黑胡椒碎，最后点缀西洋菜叶，滴少许橄榄油即可。

Blue Cheese
3
蓝纹奶酪

蓝纹奶酪在西方是如同我国的臭豆腐一样的存在，
爱的人爱死，恨的人避之唯恐不及。奶酪注入特殊
绿霉菌后从中心开始成熟，长出漂亮的蓝色纹路，
同时也形成了带一些氨水味的特殊气味。初次尝试
可以从味道比较清淡的品种开始。蓝纹奶酪加热时
气味非常强烈，但加热后入口却变得柔和了许多，
不妨一试。

烤花菜和蓝纹奶酪饼

用料：
菜花 1 棵
特级初榨橄榄油 30 毫升
净芝麻菜叶 1 小把
蓝纹奶酪 100 克
中东薄饼适量（或其他面饼）
盐、黑胡椒碎、漆树粉各适量

做法：
1. 菜花洗净，去掉多余的叶子和梗，整棵备用。
2. 烧开一锅水，放入整个菜花煮 6 ~ 7 分钟至可以用
   筷子扎穿，捞出后沥干并用厨房纸巾擦干。
3. 烤箱预热至 220℃，把菜花放在烤盘上，刷上橄榄
   油并撒上盐和黑胡椒碎，送入烤箱烤 20 分钟直至
   表面金黄，取出后撒上少许漆树粉。
4. 把蓝纹奶酪涂抹在中东薄饼表面，送入烤箱烤 5 分
   钟至奶酪软化。
5. 薄饼切成块，和菜花、芝麻菜叶一起上桌，食用时，
   把菜花捣碎，和芝麻菜叶一起用薄饼裹好一同品尝。

Tips:
漆树粉及中东薄饼在进口食品超市均有出售。

蓝纹奶酪对很多人来说味道非常浓烈，味道
实在是太猛烈，但是通过烘烤却能激发出
蓝纹奶酪中的香气，使其接受度变高。

Mozzarella Cheese
马苏里拉奶酪

传统的马苏里拉奶酪是由水牛奶制成，新鲜的马苏里拉奶酪洁白柔软，可以直接切片食用。成熟后的马苏里拉奶酪呈淡乳黄色，质地紧密有弹性，奶香非常浓郁，口感丰盈，焗烤菜肴中负责拉丝的奶酪就是它。

奶酪甜薯焗意面卷

用料：
红薯 1 个
意大利空心面 200 克
口蘑 300 克
白洋葱 1/2 个
蒜末 4 克
黄油 30 克
面粉 30 克
牛奶 500 毫升
牛至叶 5 片
帕玛森奶酪 30 克
马苏里拉奶酪碎 50 克
海盐、黑胡椒碎各少许
橄榄油 30 毫升

做法：
1. 红薯放入蒸锅蒸至熟透，去皮后加入 100 毫升牛奶捣成泥状。取 3 片牛至叶切碎，拌入红薯泥中，帕玛森奶酪擦成碎末也拌入红薯泥中。

2. 烧开一锅水，加入少许海盐和橄榄油，放入空心面煮至七成熟，捞出过凉备用。

3. 口蘑、洋葱分别洗净，切碎备用。平底锅中放入黄油，中火化开后放入面粉搅成糊状，加入剩余的牛奶搅拌均匀，制成黄油面粉糊，盛出备用。

4. 平底锅洗净、擦干，放入橄榄油，中火加热至五成热时放入洋葱末和蒜末煸炒出香味，然后放入蘑菇碎炒至变色，加入黄油面粉糊，小火炖煮至浓稠，调入少许海盐和黑胡椒碎备用。

5. 烤箱预热至 200℃。取一个深度约 10 厘米的烤皿，底部装上红薯泥，挨个插入空心面，然后把蘑菇酱汁淋在面上，尽量灌入空心面内部，顶上撒满马苏里拉奶酪碎，摆上剩余的牛至叶，送入烤箱烤 20 分钟即可。

空心意面里塞满了香甜的薯泥，被马苏里拉奶酪的浓郁口感包围，满足感超强。

碳水化合物、膳食纤维和蛋白质的完美搭配，作为减脂餐也非常适合。菲塔奶酪带有羊奶特有的味道，为整个菜肴增添了异域风情。

Feta Cheese
菲塔奶酪

菲塔奶酪是以羊奶为原料制作的一种软质奶酪，通常浸泡在盐水或橄榄油中，味道咸鲜，口感细腻，特别适合用来制作前菜和沙拉。根据欧盟的法律规定，只有希腊生产的菲塔奶酪才能叫作 Feta。

蜂蜜芥末杂谷菲塔奶酪沙拉

用料：
罐头鹰嘴豆 1/2 罐
熟南瓜子 1 把
熟小米 1/2 杯
罐头红腰豆 1/4 罐
绿节瓜 100 克
红葱头 1/2 个
嫩菠菜 1 小把
香菜叶少许
菲塔奶酪 50 克
第戎芥末 5 克
蜂蜜 5 毫升
特级初榨橄榄油 30 毫升
柠檬汁 15 毫升
片状海盐、黑胡椒粉各少许

做法：
1. 熟小米放入深盘中，注入沸水，水量刚好没过小米，调入少许海盐和黑胡椒碎，盖上盖子闷 5 分钟；绿节瓜去子后切成细丝；嫩菠菜洗净沥干；菲塔奶酪切成小块；红葱头切丝。
2. 平底锅中注入 1 汤匙橄榄油，大火加热至六成热后放入红葱头丝煸炒至微焦，然后放入沥干水分的鹰嘴豆、红腰豆翻炒片刻。
3. 在一个小碗中放入第戎芥末、蜂蜜、柠檬汁、剩余的橄榄油，搅拌均匀后制成沙拉汁备用。
4. 盘中放入处理好的小米，加入炒好的豆子、节瓜丝、嫩菠菜、菲塔奶酪，撒一把南瓜子，淋上准备好的沙拉汁，按口味撒上海盐片和黑胡椒粉，并用少许洗净的香菜叶做装饰即可。

Halloumi Cheese
哈罗米奶酪

6

哈罗米是一种加热也不会化的奶酪，原产于塞浦路斯，有淡淡的羊奶味。哈罗米奶酪质地比较紧密，煎烤过后表面会形成焦香的外壳，咬下去很有弹性，有点像中国的豆腐干。用哈罗米奶酪制作沙拉、三明治都是不错的选择。

紫薯泥哈罗米奶酪堡

用料：
哈罗米奶酪 200 克
樱桃萝卜 2 个
嫩菠菜叶 1 小把
紫薯泥 60 克
希腊酸奶 15 毫升
全麦汉堡面包 2 个
片状海盐、黑胡椒粉各少许
芹菜苗少许（装饰用）

做法：
1. 樱桃萝卜洗净后切成薄片；菠菜洗净沥干；哈罗米奶酪分成两厚片。

2. 不粘平底锅坐火上，中火加热至锅热，放入哈罗米奶酪煎至两面金黄。

3. 汉堡面包拦腰切开，抹上一层紫薯泥，放上哈罗米奶酪、菠菜、樱桃萝卜片，淋上希腊酸奶，并按自己的口味撒上海盐片和黑胡椒粉即可。

Tips:
紫薯泥的做法：直接把紫薯蒸熟捣成泥，可以用盐和黑胡椒粉调味。

可以用来煎的奶酪——哈罗米奶酪，口感扎实，满足感很强，做成汉堡再合适不过了。

烘烤过的帕玛森奶酪酥脆可口，包裹着内部软嫩的豆角，是一道非常可口的餐前小点。

Parmesan Cheese
帕玛森奶酪

帕玛森奶酪是一种产于意大利帕尔马地区的硬质奶酪。车轮状的奶酪块被精心存放 2～9 年不等，制成这种几乎百搭的经典奶酪。帕玛森奶酪的接受度非常高，有一种发酵后的咸咸奶香。我们经常能在沙拉或意面上面看到它的碎屑，它也可以搭配红酒、水果等直接食用，当然还可以加热化开在菜肴里。

帕玛森脆烤豆角

用料：
四季豆 300 克
罗勒酱 60 克
帕玛森奶酪 60 克
面包糠 40 克
盐、黑胡椒碎各适量

做法：

1. 四季豆择洗干净，放入开水锅中焯烫 2 分钟，然后放入凉白开过凉，沥干后放入一个大碗，加入部分罗勒酱拌匀。

2. 帕玛森奶酪擦成碎末，留 1 汤匙备用，其余和面包糠、盐和黑胡椒碎混合均匀，铺在一个浅盘中。

3. 把四季豆逐个在浅盘中滚动，蘸满奶酪面包糠，然后排在铺好烹调纸的烤盘里。

4. 烤箱预热至 200℃，送入烤盘烤 6 分钟至四季豆表面酥脆，出炉后撒上留出来的奶酪碎，搭配剩余的罗勒酱上桌即可。

Ricotta Cheese
里科塔奶酪

8

这种原产于意大利的乳清奶酪口感非常轻盈，咀嚼它几乎不需要牙齿的参与，口味也很清淡，既不咸，也不"臭"，特别适合制作沙拉或者小甜点。里科塔奶酪保质期非常短，由于含有大量水分，也不能冷冻，否则会破坏奶酪的结构，使口感变差。

里科塔奶酪
番茄西葫芦饼

用料：
樱桃番茄 100 克
番茄 1 个
西葫芦 3 个
蒜末 2 克
全麦面粉 45 克
鸡蛋 1 个
罗勒酱 90 克
刺山柑 15 克
西洋菜 1 小把
罗勒叶 1 小把
牛至叶 3 片
里科塔奶酪 80 克
帕玛森奶酪 40 克
海盐、黑胡椒碎各少许

做法：
1. 烤箱预热至 180℃；西葫芦洗净，去子后擦成粗丝；牛至叶切碎；帕玛森奶酪擦成细丝。

2. 把西葫芦丝、牛至碎、蒜末、奶酪丝放入大碗，加入鸡蛋、面粉、海盐和黑胡椒碎混合均匀，然后铺在烤盘中的烹调纸上，压成直径约 20 厘米的饼状，把烤盘送入烤箱烤至金黄。

3. 两种番茄分别洗净切片；西洋菜取嫩枝备用；里科塔奶酪掰碎。

4. 烤熟的西葫芦饼上铺上罗勒酱，摆上番茄片，撒上西洋菜、罗勒叶、里科塔奶酪碎和刺山柑即可。

里科塔奶酪是一个非常容易接受的奶酪品种，直接生食或是烘焙后都很美味。

有机更有味

有机调料在制作素食时更可以大展身手。
因为有机调料的制作工艺使得产品口味
更加纯粹，能完全激发食材原始的鲜美，
让素食菜肴变得更加有味、更加诱人。

蔬菜杂烩焗蛋

用料：
口蘑 4 朵，黄色和绿色水果西葫芦各 1 小节，羽衣甘蓝 5 片，红葱头 2 个，红彩椒 1/2 个，鸡蛋 3 个，有机淡盐生抽 15 毫升，黑胡椒碎少许，橄榄油 15 毫升。

做法：
1. 口蘑洗净去根，切片备用；红葱头切丝备用；红彩椒和西葫芦（去皮、子）分别切小丁；羽衣甘蓝去梗，切碎备用。
2. 铸铁锅烧热，放入橄榄油，烧至六成热，放入红葱头丝煸炒出香味，然后放入口蘑片炒至边缘焦黄。
3. 加入蔬菜丁翻炒片刻，略变色后加入羽衣甘蓝碎炒至微软。
4. 在蔬菜中磕入鸡蛋，淋上少许淡盐生抽，送入预热至 250℃的烤箱烤 7 分钟，取出后撒上现磨黑胡椒碎即可。

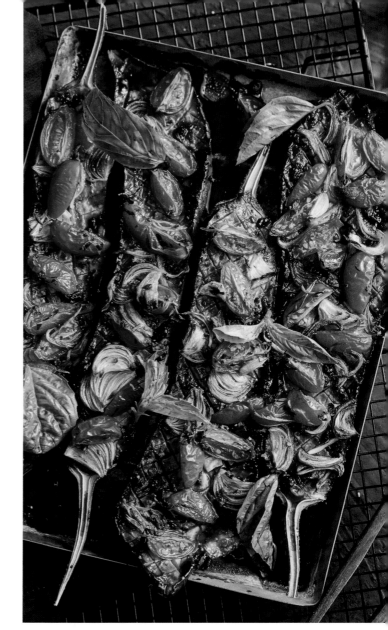

酱香番茄烤茄子

用料：

长茄子 2 个，樱桃番茄 10 个，红葱头 2 个，罗勒叶 1 小把，有机豆瓣酱 30 克，白糖 15 克，五谷原酿酱油 15 毫升，橄榄油 15 毫升。

做法：

1. 红葱头切丝；樱桃番茄洗净，切成四瓣；罗勒叶留少许装饰用，其余切碎。

2. 长茄子洗净，从中间剖开，在剖面上切上细密的十字花刀。

3. 在一个碗中放入有机豆瓣酱，调入白糖、酱油和少许水，做成稀稠度合适的酱料。

4. 烤箱预热至 200℃，茄子摆入烤盘，在切面上厚厚地刷上酱料。

5. 摆上切好的蔬菜和香草，淋上橄榄油，送入烤箱烤 30 分钟，取出后装饰剩余的罗勒叶即可。

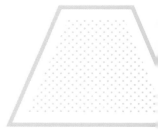

烤菜花藜麦沙拉

用料：

菜花 200 克，樱桃番茄 6 个，藜麦 50 克，罐头鹰嘴豆 50 克，青柠 1 个，盐、黑胡椒碎各少许，橄榄油 30 毫升，五谷原酿酱油 15 毫升，白糖 10 克，新鲜香草少许。

做法：

1. 烤箱预热至 200℃；菜花洗净掰成小朵，加入少许盐和黑胡椒碎，调入 1 汤匙橄榄油拌匀；樱桃番茄洗净，对半切开，和菜花一起放入铺有烹调纸的烤盘，送入烤箱烤 20 分钟。

2. 藜麦洗净沥干，加入 1 杯水，大火煮开，小火焖煮 15 分钟，制成藜麦饭备用。

3. 在一个小碗中放入五谷原酿酱油，挤入青柠汁，调入白糖和橄榄油，按口味调入盐和黑胡椒碎制成调味汁。

4. 烤好的菜花和番茄放入大碗中，加入藜麦饭和鹰嘴豆，最后淋上调好的调味汁，装饰新鲜香草即可。

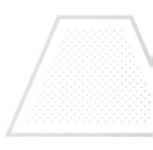

亚洲新素

在素食风潮席卷全球的趋势下，
我们身边也能发现很多美味的
素食菜肴，尤其对中国胃来说，
比起纯粹的西餐，亚洲风味似
乎更容易接受。不如就试一试
亚洲家常素食的风貌吧。

用料：

荞麦面 50 克，莲藕 6 片，甜豆荚 5 个，绿豆芽 1 小把，姜汁 2.5 毫升，味啉 30 毫升，白味噌 7.5 毫升，香油 5 毫升，盐适量，熟白芝麻、海苔丝各少许。

做法：

1. 绿豆芽择掉根须洗净；藕片洗净表面淀粉并擦干；甜豆荚洗净。
2. 小深锅中放油，中火加热至七成热，放入擦干的藕片，小火炸至金黄酥脆捞出，控干备用。
3. 烧开一锅水，放入荞麦面煮熟，捞出后过凉，放入盘中备用。再把甜豆荚和绿豆芽放入面汤中烫熟，捞出摆入放着荞麦面的盘中。
4. 姜汁、味啉、白味噌、香油放入小碗，加入 1 汤匙凉白开调成调味汁，淋在荞麦面上，最后撒上熟白芝麻和海苔丝即可。

荞麦冷面并非只有蘸面这一种吃法，调入味噌后口味更加厚重，也很美味。

姜汁味噌荞麦面

带着甜味、色彩缤纷的韩式炒杂菜，
用熟悉的食材也可以做出异域风味。

韩式炒杂菜

用料:

干红薯粉条 300 克,洋葱 50 克,胡萝卜 100 克,红尖椒 50 克,菠菜 100 克,干木耳 10 克,鲜香菇 3 朵(约 50 克),生抽 15 毫升,老抽少许,白糖 15 克,盐 4 克,熟白芝麻 20 克,姜丝适量。

做法:

1. 干木耳泡发,香菇、红尖椒洗净,去蒂,胡萝卜去皮,红尖椒、洋葱、胡萝卜、木耳、香菇均切丝(由于香菇炒后会缩水,切时注意不要太细);菠菜洗净去根,对半切 2 段。

2. 粉条洗干净,煮到八成熟捞起来过凉水,控干水分后备用。粉条如果事先浸泡 1 天,一过开水很快就熟了。

3. 炒锅内加入油,中火加热,先倒入姜丝、洋葱丝炒出香味来,再倒入粉条炒匀。

4. 锅中加适量油,下入胡萝卜丝和辣椒丝、木耳丝、香菇丝一起翻炒,再加入生抽、老抽和白糖调味。

5. 最后加入盐、菠菜段和白芝麻,翻炒均匀后就可以出锅了。

用料：
牛蒡 1 根，胡萝卜 1/4 根，干辣椒 2 个，清酒 30 毫升，酱油 25 毫升，味啉 20 毫升，白糖 5 克，白芝麻 5 克。

做法：
1. 炒锅不放油烧热，将白芝麻放入焙炒香，盛出碾碎（可以包入食物用纸中用瓶子碾，有研磨小钵的话也可以直接用）。
2. 牛蒡和胡萝卜都洗净、去皮，切成相同长短的丝。
3. 先用水将牛蒡丝煮软。因为牛蒡炖久一点才好吃入味，所以牛蒡丝不要切太细，不然煮时就断在锅里了。
4. 锅中放油烧热，放入干辣椒爆香，加入牛蒡丝翻炒到开始变得有点透明，加入胡萝卜丝继续翻炒至变软。
5. 倒入清酒、味啉、白糖、酱油和 400 毫升热水，煮沸后改小火慢炖收汁，起锅后撒上焙香的芝麻碎即可。是否用香菜装饰可随意。

Salt

金平牛蒡是用胡萝卜和牛蒡做的炒菜，
略甜的日式风味让这两种营养的食材更
美味。

咖喱有开胃的作用，无论是胃口不佳的夏季还是寒冷的冬季，咖喱总是能使你肠胃妥帖，这道菜选用了咖喱块，做起来很方便，还添加了黄咖喱粉，味道更浓郁。

咖喱时蔬

用料：

土豆 1 个，白萝卜 150 克，西蓝花 100 克，菜花 100 克，胡萝卜 50 克，口蘑 5 个，平菇 50 克，红尖椒 1 个，黄咖喱粉 10 克，盐适量，素高汤（或水）500 毫升，浓缩咖喱块 3 块，椰浆 50 毫升。

做法：

1. 口蘑洗净切掉蒂，切成 4 瓣；平菇洗净，撕成小瓣；红尖椒去蒂、切片；白萝卜、胡萝卜和土豆削皮后，切成滚刀块；西蓝花、菜花洗净，分小朵。

2. 锅中放油烧至五成热，下红尖椒片和黄咖喱粉炒香，然后放入胡萝卜块、口蘑、白萝卜块、西蓝花和菜花翻炒，直到食材开始变软。

3. 加入素高汤（或水），煮开后转为小火，炖煮 30 分钟。

4. 将咖喱掰成小块放入，并加入椰浆，一边煮一边搅拌，防止煳锅，煮到汤汁浓稠就可以了。由于咖喱块已有咸味，盛出来之前尝一尝味道，如果不够咸可以加一点盐。

Tips:

黄咖喱粉味道较特殊，如果没有或不喜爱它的味道，不放也可以。素高汤制作方法见 P139。

越南春卷

用料：

干越南春卷皮 3 张，任意品种芒果 100 克，鲜薄荷叶 15 片，鲜芝麻生菜叶 15 片，胡萝卜 1/2 根（约 50 克），黄瓜 1/2 根（约 60 克），泰式甜辣酱 1 碟。

做法：

1. 所有的食材清洗干净，把黄瓜和胡萝卜分别削去外皮切成细丝；薄荷叶和芝麻生菜叶去硬梗，只留叶子；芒果削去外皮，只留净果肉，切成小条。

2. 准备好一个足够大的深盘或盆（大小要能平放下整张春卷皮），倒进能没过一张春卷皮的温水。水温略比手的温度高一些就好，不能太热，否则春卷皮很容易破。

3. 泡春卷皮这一步比较关键，饼皮在水中浸一下后，就立即从水中捞出来（这时的饼皮还有点硬，但没有关系），控干水分后平铺在台面上。包完蔬菜会发现，饼皮已经吃透水变软了。

4. 在春卷皮的正中码上所有处理好的食材，如左图摆放，尽量紧密一些。先顺着食材的长边折起春卷一边盖住所有的食材，再把两侧春卷皮折过来封住春卷的两端，小心地沿长边卷起整个春卷，春卷皮会自动粘住，固定成一个圆柱形。按照以上方法依次浸泡春卷皮，并逐个卷成春卷。蘸着甜辣酱吃。

Tips:

1. 干的越南春卷皮可以在某些超市的进口商品区或网上买到。

2. 泡春卷皮绝对是整道菜的关键，水不能太热，如果泡软了，春卷皮很容易破掉。

3. 全素的越南春卷内馅不一而足，还可放泡好煮过的粉丝或焯烫过的豆芽等。

4. 泰式甜辣酱中通常含有大蒜，不食五辛的朋友也可以用鲜榨青柠檬汁、浅色酱油和泡辣椒碎一起调成自制的蘸料。

简单、清新、开胃，做起来吧。

平菇炸成平菇排后用制作日式猪排锅膳的方法烹制，滋味和口感都不输肉食呢。

平菇排锅膳

用料：

平菇 200 克，鸡蛋 2 个，面粉 100 克，面包糠 1 杯，盐 2.5 克，白胡椒粉 1 小撮，洋葱 1/2 个，淡口酱油（或生抽）15 毫升，味啉 30 毫升，昆布高汤 30 毫升，熟白芝麻、海苔丝各少许。

做法：

1. 平菇洗净撕成条，挤干水分，加入盐和白胡椒粉抓拌均匀，然后加入少许面粉拍成饼状。

2. 平底锅中放入少许油，中火加热至六成热时放入平菇饼煎至两面定型。

3. 一个鸡蛋打散成蛋液，放入平菇饼，裹满蛋液，然后放入装有面包糠的平盘中，让两面都蘸上面包糠。

4. 用一个深锅倒入大量油加热，油温七成热时放入平菇排炸至两面金黄捞出备用。

5. 把昆布高汤、淡口酱油和味啉混合均匀后放入一个小烧锅中，洋葱切成丝放入汤汁中，开中火加热汤汁，放入蘑菇排，煮至汤汁沸腾。

6. 另一个鸡蛋磕入碗中略搅散，淋在蘑菇排上煮 30 秒至鸡蛋基本定型，连汤带料移入碗中，最后撒上熟白芝麻和海苔丝即可。

泰式
绿咖喱蔬菜

摆脱市售绿咖喱酱，随手也可以做出滋味满满的泰式绿咖喱酱，成就感满满。

用料：

西蓝花 100 克，嫩竹笋 1 根，南瓜 100 克，草菇 6 朵，泰国圆茄 1 个，泰国豌豆茄 1 串，泰式绿咖喱酱 45 克，椰浆 300 毫升，柠檬叶 3 片，罗勒叶 1 小把，棕榈糖 7.5 克，盐少许。

泰式绿咖喱酱用料（也可用市售绿咖喱酱代替）：香菜 50 克，罗勒叶 1 小把，绿色小鸟椒 2 枚，南姜 10 克，香茅草 1 根。

做法：

1. 泰式绿咖喱酱用料里的所有材料（包括香菜根在内）洗净，先切碎，然后放入石臼捣成泥状备用。

2. 西蓝花洗净掰成小朵；南瓜洗净，去瓤切成 3 厘米见方的块；泰国圆茄洗净，切成四瓣；草菇洗净，对半剖开；柠檬叶洗净，切成小条备用；竹笋切成滚刀块，放入水中煮 10 分钟，捞出控干。

3. 小锅中放入 1/3 用量的椰浆，中小火熬煮到椰浆析出油脂，放入绿咖喱酱搅拌至油脂变成绿色，然后放入柠檬叶、泰国圆茄、豌豆茄翻炒片刻。

4. 加入剩余的椰浆和各式蔬菜，小火熬煮至熟透，调入棕榈糖和盐，撒上罗勒叶搅拌均匀即可。

Tips:

两种泰国茄子可在进口食品超市购买，也可用口感紧实的其他品种代替。

用料：

土豆 2 个，胡萝卜 1/2 根，薄荷叶 1 小把，白胡椒粉少许，盐 2.5 克，黄糖或白糖 5 克，香茅草 6 根。

做法：

1. 土豆洗净，放入蒸锅蒸至熟透（用筷子可以轻易扎穿），取出、剥皮、压碎。

2. 胡萝卜洗净去皮，切成 0.2 厘米见方的小丁，混入土豆泥中，调入盐、白胡椒粉、棕榈糖，薄荷叶切碎，最后混入土豆泥中拌匀。

3. 香茅草取白色的部分，洗净后切成斜片，绿色部分留用。

4. 把土豆泥团成球，裹在香茅草绿色的梗上。

5. 小锅中倒入油，中火加至五成热时，放入香茅草片，小火炸至金黄干燥捞出，控干后铺在盘底。

6. 继续加热油至七成热，放入土豆球炸至金黄，捞出放在炸干的香茅草上即可。

油炸土豆球由于加入了香茅的滋味，也变得轻盈了起来。

香茅土豆球

辣白菜豌豆炒饭

辣白菜是个好东西，富含对
人体有益的营养成分，滋味
也很可口。

Tips:
普通辣白菜中使用了虾酱、
鱼露，如果介意，可以在素
食食材超市或通过电商购买
纯素辣白菜。

用料：
隔夜米饭 2 碗，辣白菜 100 克，豌豆 1 碗，豆腐干 4 片，香葱 2 棵，鸡蛋 2 个，
生抽 15 毫升。

做法：
1. 辣白菜切碎备用；豌豆装入碗中，加入刚好没过豌豆的清水，放入微波炉高火加
   热 4 分钟，捞出豌豆控干备用；豆腐干切成小丁；香葱切成葱花，将白色和绿色
   的部分分开；鸡蛋打散备用。

2. 平底锅中放入油，大火加热至六成热，倒入蛋液迅速划散，蛋液凝固后盛出备用。
   继续加热炒锅，放入香葱白色的部分煸出香味，然后放入辣白菜碎和豆腐干丁翻
   炒至颜色略变浅。

3. 加入米饭继续翻炒均匀，调入生抽，翻炒至饭粒恢复弹性并散开，放入豌豆继续
   翻炒片刻，最后撒上绿色葱花即可。

用料:

南豆腐 200 克,白萝卜 200 克,盐适量,醋 30 毫升,生白芝麻 5 克,清酒 30 毫升,白糖 15 克,香油 10 毫升,生抽 30 毫升。

做法:

1. 豆腐洗净,切块;白萝卜洗净,切成 1 口大小的块状。

2. 在碗里将盐、醋、白糖、清酒、生抽混合搅拌至白糖化开。

3. 生芝麻用小火慢慢炒至微微焦黄,关火,装起备用。

4. 锅中放入少许油烧热,放入豆腐块煎至两面焦黄色,盛出。

5. 锅里加入水煮开,放入豆腐块,用中火煮一两分钟,捞起,滤干水分,这样可以去除多余的油。

6. 油锅烧热,放入萝卜块和豆腐块煸炒至萝卜变脆,大概 3 分钟。

7. 转中火,将调好的调料倒入,煮 2 分钟后萝卜微微变软,关火,撒入白芝麻,淋上香油拌匀即可(可用香椿苗装饰)。

平常的萝卜和豆腐,因为不一样的做法,也有了不一样的风味。

日式萝卜豆腐

经典中式素馔

Salt

菠萝咕咾豆腐

难以舍弃的菠萝酸甜味，配上炸过的老豆腐，下饭神菜。

用料：

菠萝 150 克，北豆腐 250 克，彩椒（青）1 个，淀粉适量，番茄酱 30 毫升，白醋 150 毫升，生抽 15 毫升，白糖 20 克，盐 2 克，水淀粉 15 毫升。

做法：

1. 北豆腐切成方块，擦干表面水分，拍上淀粉。

2. 锅中放入油烧热后，将豆腐块煎炸至表面金黄，待用。

3. 菠萝去皮切片，放在盐水中浸泡待用；彩椒去蒂、去子、切片。

4. 将生抽、白糖、盐、白醋、水淀粉混合调成调味汁。

5. 锅烧热，下 15 毫升油，下番茄酱，小火炒，然后倒入调好的味汁炒成芡汁，下入彩椒片和菠萝片翻炒，接着下入豆腐块，调味汁均匀裹在食材上即可出锅。

Tips:
第 2 步炸豆腐时需要注意，如果油温不够热，豆腐下锅后会粘在锅底。

干锅花菜

Tips:
菜花用水焯烫后沥干，这样才不会在炒制过程中出很多水，比较干爽。
用此方法做新鲜茶树菇、杏鲍菇也很好吃。

用料：
菜花 300 克，姜片 10 克，红尖椒或小米椒 15 克，干辣椒 5 克，酱油 30 毫升，盐 2 克，白糖 5 克，料酒适量。

做法：
1. 菜花洗净沥干，撕成小朵；红尖椒去蒂，斜切片；干辣椒切节（散落出的辣椒子可以不要）。
2. 锅中放水烧开，将菜花放进去焯水 1 分钟后捞起，沥干水分。
3. 锅中放油，烧至六成热，下姜片煸炒至有点焦黄，散发香味，然后放入干辣椒节。
4. 把菜花放进去，大火爆炒。时间不宜长，两三分钟足矣。高温和酱汁会在食材外部形成一层"壳"，锁住食材内部的营养，食材的汁水和营养不易流失。
5. 见锅内微干，淋入一圈料酒和酱油，快速翻炒，待汁水收干加入盐和白糖起锅。

脆生生的菜花，伴着香辣的调味，吃起来非常下饭，这道饭馆里常见的菜，自己做起来也很简单。

笋丁青豆香干

超级受欢迎的下饭菜，做法还非常简单。

用料：
冬笋 100 克，青豆 100 克，豆腐干 100 克，红尖椒
1 个，姜片 5 克，盐 2 克，生抽少许。

做法：
1. 冬笋去皮切成方丁；豆腐干切成丁；红尖椒去蒂去子，
   也切成大小相仿的丁。
2. 锅里加水烧开，将青豆、笋丁分别放入锅中焯一下，
   断生后捞出，沥干水。
3. 锅中放油，大火烧至五成热，放入姜片爆香，下入豆
   腐干丁翻炒，然后将烫过的笋丁和青豆也放入锅中，
   加入生抽，翻炒均匀后再将红尖椒丁放进去，加入盐，
   继续翻炒 1 分钟即可。

荷塘上素

一道看起来很美丽，吃起来脆生生的菜，既好吃又很健康。

用料:
莲藕 150 克，荷兰豆 150 克，香芹 50 克，胡萝卜 50 克，木耳（干）10 克，姜片 5 克，盐、蘑菇精各适量。

做法:
1. 莲藕、胡萝卜洗净、去皮，切片；荷兰豆撕去筋络，洗净；香芹择洗干净，切段；木耳泡发。
2. 锅中放水烧开，将莲藕片、胡萝卜片、木耳烫一下捞起。
3. 锅中放油，爆香姜片，下荷兰豆与香芹段，中火炒匀，再下木耳翻炒，放盐、蘑菇精调味，最后再放莲藕片拌炒好了，盛起即可。

紫苏煎黄瓜

用料：
黄瓜 2 根，紫苏叶 10 克，小米椒 10 克，姜末 5 克，生抽 30 毫升，白糖 3 克，盐适量。

做法：
1. 紫苏叶洗净，切碎；小米椒切粒。
2. 黄瓜洗净，切厚片。
3. 锅中放油烧至六成热，把黄瓜一片片放在锅里煎至稍微焦黄，盛起。
4. 锅中另放油，烧热，下姜末、小米椒粒、紫苏炒香，然后放入黄瓜片炒匀，再浇入生抽、白糖、盐炒匀即可。

黑绿中闪烁着特色的紫菜，香辣中带着紫苏的香气，黄瓜浸润了酱汁，吃起来很过瘾。

Tips:
1. 紫苏是一种芳香植物，可以在市场上购买，也可以自己种植。家里种上一盆，平时可以经常取用。
2. 家中有条纹铸铁锅的朋友，可以用它来烧制黄瓜，翠绿的蔬菜搭配横纹烤痕，十分好看。

酿豆腐是传统客家菜，吃起来超级有家的味道，在专注的当下，注入满满的爱心，周末闲来做一道素酿豆腐，

素酿豆腐

用料：

北豆腐或韧豆腐 1 盒，金针菇 20 克，鲜香菇 15 克，荸荠 1 个，杏鲍菇 30 克，榨菜 5 克，白胡椒粉少许，素蚝油 10 毫升，生抽 30 毫升，淀粉 5 克，五香粉、蘑菇精、葱花各适量。

/ 芡汁 /

水淀粉 45 毫升，生抽 4 克，素蚝油 4 克，蘑菇精适量。

做法：

1. 荸荠洗净去皮，与金针菇、杏鲍菇、香菇、榨菜一起切成碎末。

2. 将豆腐切成长方形厚块，用勺子挖出凹槽。

3. 锅中放 15 毫升油烧热，将金针菇末、杏鲍菇末和香菇末一起炒熟。

4. 水淀粉、生抽、蘑菇精、素蚝油合在一起成为芡汁备用。

5. 把挖出的豆腐压烂后和金针菇末、杏鲍菇末、香菇末、榨菜末、荸荠末拌匀在一起，加入白胡椒粉、五香粉、素蚝油、淀粉搅匀成馅。

6. 用汤匙把馅酿入豆腐的凹槽中。

7. 锅里放 30 毫升油，烧至五成热，将豆腐有馅的一面朝下，煎至表面微微焦黄，翻面也煎至焦黄。

8. 倒入芡汁，快速烧开，关火，盛出，撒上葱花即可。

榄菜四季豆

米饭好搭档，那干辣浓郁的味道不知迷倒了多少人。

用料：

豆角 500 克，干辣椒 3 个，橄榄菜 20 克，姜末 5 克，生抽 15 毫升，白糖 2 克，盐、蘑菇精各适量，花椒 6 粒。

做法：

1. 豆角择去老筋，洗净，掰成 5 厘米长的段；干辣椒用剪刀剪成小段。

2. 倒入小半锅油（实耗 80 毫升），大火烧热，至油面上起轻烟，将豆角全部倒入，炸至豆角翠绿、表面微微起皱后捞起沥油。

3. 锅内留少许底油，放入干辣椒段、姜末翻炒出香味，将炸好的豆角倒回锅内，加盐、白糖、生抽、蘑菇精、橄榄菜调味，继续翻炒至水汽完全收干，就可以出锅了。

Tips:
如非忌口，放入几瓣大蒜，这道菜会更下饭。

八珍豆腐煲

豆腐外香里嫩，还吸收了各种食材的鲜美，洋溢着诱人的气息。

用料：

北豆腐300克，干香菇3朵，干木耳5朵，冬笋50克，金针菇20克，白玉菇20克，杏鲍菇20克，荷兰豆20克，姜片5克，生抽5毫升，素蚝油5毫升，白胡椒粉3克，盐3克，白糖1克，香油5毫升，素高汤150毫升，水淀粉适量。

做法：

1. 将干香菇、干木耳泡发，香菇挤干水后切条，木耳切成均匀大小；冬笋洗净，切片；金针菇、白玉菇洗净，撕掉根部；荷兰豆洗净，去掉老筋；北豆腐、杏鲍菇切成同样大小的块。

2. 烧开水，将冬笋片、杏鲍菇块、白玉菇、金针菇和荷兰豆焯烫后捞起沥干。

3. 锅中放油，中火加热至七成热，小心地滑入豆腐块，将两面煎至金黄盛出。

4. 锅中再放15毫升油，下姜片炒香，然后把香菇条、木耳、冬笋片跟荷兰豆放下去翻炒一下，再下煎过的豆腐。

5. 加入素高汤，大火烧开后改为小火，把金针菇、白玉菇、杏鲍菇放入，加入生抽、素蚝油、白胡椒粉、白糖、盐调味，焖煮到汤汁收浓，用水淀粉勾芡，滴上香油，起锅。

Tips:

不必拘泥于这几种菌菇，手边有什么都可以搭配使用。
素高汤制作方法见P139。

旧时广州人过年，家家户户都有一盆斋菜，材料不拘，品尝过后即可。

用料：

干货：干香菇 30 克，干银耳 15 克，干木耳 15 克，黄花菜 10 克，腐竹 2 条，白糖 5 克，盐 3 克，生抽 30 毫升，香油 5 毫升。

鲜货：秀珍菇（或平菇）50 克，杏鲍菇 50 克，腐竹 2 条，白果（真空包装）10 粒，大白菜 300 克，荷兰豆 25 克，胡萝卜 50 克，冬笋 100 克。

做法：

1. 香菇、银耳、木耳、黄花菜、腐竹分别泡发洗净，香菇、银耳、木耳、腐竹切成相似的块。浸泡香菇的水留用。

2. 往盛浸泡香菇水的碗中加入 15 毫升油、3 克白糖、2 克盐，中火蒸 30 分钟。

3. 大白菜洗净，切成骨牌大小的块；荷兰豆洗净，撕去老筋；杏鲍菇、胡萝卜、冬笋洗净，切片。

4. 将白果、冬笋放开水中焯烫后捞起。

5. 秀珍菇洗净去根，与杏鲍菇片一起放入盘中，入微波炉，大火加热 2 分钟后拿出。

6. 锅里放 15 毫升油，下黄花菜、木耳爆炒，再加入银耳，倒入蒸好的香菇和菇水煮开，放入腐竹段略煮，关火盛起。

7. 锅中再放 15 毫升油，加入大白菜块炒软，放入胡萝卜片、冬笋片、白果、荷兰豆翻炒，倒入秀珍菇、杏鲍菇，还有刚才盛起的食材一起煮，加入白糖 2 克、生抽 30 毫升、盐 1 克、香油调味，煮至收汁即可。

宫保杏鲍菇

酸甜口的宫保口味，加上韧劲十足的杏鲍菇，是一道下饭好菜。

128

用料：

杏鲍菇 300 克，炸花生仁 30 克，白糖 15 克，
生抽 15 毫升，水淀粉 30 毫升，花椒 5 克，
姜末 5 克，大葱 1 根，料酒 15 毫升，盐 3 克，
郫县豆瓣酱 15 克，干辣椒 20 克，醋 10 毫升。

做法：

1. 将杏鲍菇洗净，切成 1.2 厘米见方的块；大葱切
   成 1.2 厘米长的段；干辣椒切段。

2. 在小碗中调入生抽 15 毫升、盐 1.5 克、白糖 20
   克、醋 15 毫升、纯净水 10 毫升，混合均匀制
   成调味芡汁。

3. 锅中放 30 毫升油，中火烧至六成热，将杏鲍菇
   块放入煸炒至表面略微焦黄盛出。

4. 锅中再放 15 毫升油，中火烧至四成热，将干辣
   椒和花椒放入煸炸出香味，放入杏鲍菇块、姜末、
   郫县豆瓣酱翻炒片刻，倒入调味芡汁，芡汁变浓
   时放入花生仁拌匀即可。

Tips:

1. 花生仁可以自己炸，也可以买超市的麻辣花生，比较方便。

2. 忌酒的朋友，可以不放料酒。

3. 木耳下锅时会噼啪爆炸，可以在下锅前将木耳上的水
   分擦干。

素藕盒

用料：
莲藕 1 节，北豆腐 200 克，胡萝卜 30 克，
面粉 30 克，荸荠 50 克，鲜香菇 40 克，
芹菜 30 克，姜粒 20 克，酱油 15 毫升，
白糖 5 克，白胡椒粉 2 克，五香粉 2 克，
盐 2 克，花椒盐适量。

/ 面糊 /
面粉 30 克，鸡蛋 1 个，盐 3 克，五香粉 2 克，
凉水 5 毫升。

做法：

1. 将莲藕去皮、洗净，先切成厚约 0.4 厘米的片，
   再从中间一分为二，但不切断，底端连在一起。
   浸泡在水中备用。

2. 胡萝卜、荸荠去皮，切成小丁；香菇、芹菜洗净，
   切成小丁备用。

3. 用勺子将北豆腐碾压成豆腐泥（更省事的办法是
   将豆腐切成小块，在案板上用刀背直接碾成豆
   腐泥）。

4. 将胡萝卜丁、荸荠丁、姜粒、香菇丁、芹菜丁放
   入豆腐当中搅拌均匀，再加入面粉、酱油、白糖、
   白胡椒粉、五香粉、盐，拌匀。

5. 将调好的馅料加入莲藕片当中，用力夹一下，制
   成莲藕夹。

6. 制作面糊：在面粉中打入 1 个鸡蛋，加五香粉、
   盐，最后放凉水调成浓稠面糊。

7. 锅中放油，中火加热到五成热，藕夹放入面糊中
   "穿件外套"，再放入油锅当中煎炸成素藕盒即
   可。可以配花椒盐一同上桌。

Tips:
1. 除了藕盒以外，用茄子做成茄盒也非常好吃。
2. 用手蘸面糊撒入热油中即可做出配图中的炸面渣。

炸藕盒酥香可口，馅料也咸香美味，非常诱人

用料：

生腰果 100 克，龙眼干 40 克，姜片 3 克，冰糖 5 克，香油 10 毫升，酱油 3 毫升，熟芝麻少许。

做法：

1. 将生腰果洗净后放入汤锅中，加入冰糖及没过腰果的水，烧开并用小火一直煮，直至水分收干，其间要不停摇动汤锅或者搅拌腰果，以防粘锅。煮好后，将腰果盛入大盘中摊开、稍凉凉。

2. 将锅烧热，倒入油，将腰果放入锅中，用小火浸炸至腰果表面呈浅黄色，捞出沥油，并盛入大盘中摊开，以加速冷却。

3. 取炒锅倒入香油，烧热后放入姜片爆香，接着倒入龙眼干，小火炒开后，再加入腰果拌炒，沿锅边调入酱油，快速炒匀后盛出，撒上熟芝麻即可。

Tips:
刚出锅的腰果是软的，这道菜凉透后，脆脆的腰果口感会更棒。

这道菜腰果酥脆，龙眼干香甜，口味咸、甜、鲜兼有。除了日常食用，也是坐月子的好补品，对于产后女性来说非常有益；香油可以加速伤口愈合；而龙眼干则能够补益气血。

用料：

长糯米 1000 克，干香菇 20 朵，栗子 20 粒，鲜花生仁 40 粒，绿豆 30 克，白果仁 20 粒，干木耳 5 朵，香干 2 块，盐 5 克，素沙茶酱 30 毫升，素蚝油 5 毫升，生抽 30 毫升，老抽 5 毫升，五香粉、白胡椒粉各少许，粽叶适量。

Tips:

1. 有多年包粽子经验的阿姨传授道：蒸出来的粽子口感硬硬的，不是很好吃。

2. 米和材料提前炒制，可以入味更均匀。

3. 煮出来的粽子软糯，竹叶的香气将会完全渗透到米里面。内馅儿的材料也可以充分发挥个人想象，比如萝卜干、笋干、赤豆、芸豆、炒杏鲍菇等都可以加入。

4. 1000 克糯米可以包 15 ～ 20 个粽子。

做法：

1. 绿豆、花生仁、木耳、香菇浸泡 12 小时，香菇和木耳切开两半或四等份；糯米洗干净、浸泡 2 小时后沥干水；香干切粒；真空的鲜粽叶用水清洗、浸泡待用。

2. 锅中放油，小火烧至五成热，下糯米、香菇、栗子、花生仁、绿豆、白果、香干粒和木耳拌炒，加入素沙茶酱、生抽、老抽、素蚝油、五香粉、白胡椒粉、盐调味，炒至半熟即可。

3. 取 2 片粽叶背对背重叠，再对折成三角的斗状，用勺子舀混合了各种材料的糯米填入，然后包成三角锥状，用棉绳绑好。

4. 将粽子放入深锅中，加入大量的水，烧开后改中小火煮 2 小时以上即可。

咸素粽子

市面上的咸味粽子多为荤馅，咸素粽子很少见，不妨自己动手，满足自己对咸味粽子的偏好。

135

用料:

干香菇 5 朵, 榨菜 50 克, 杏鲍菇 100 克,
香干 100 克, 芹菜 50 克, 北豆腐 100 克,
盐 5 克, 白胡椒粉、蘑菇精各少许, 淀粉 7
克, 糯米粉 300 克, 素高汤 (制作方法见
P139) 800 毫升, 香油适量。

做法:

1. 香菇泡发, 榨菜、芹菜洗净, 将香菇、榨菜、杏
   鲍菇、香干、芹菜分别切成小粒。

2. 锅中放油烧至六成热, 放入榨菜粒炒出香味后放
   入杏鲍菇粒和香菇粒炒至略微焦黄, 再下香干粒
   和芹菜粒一起翻炒一会儿, 调入 2 克盐、蘑菇精、
   白胡椒粉调味, 盛起。

3. 为了让馅料不至于太散, 在炒好的馅料中, 加入
   碾成泥的豆腐和淀粉, 拌匀就可以了。

4. 将糯米粉放在盆中, 冲入温水, 用筷子搅拌, 然
   后再用手和成面团。

5. 案板撒上糯米粉, 将面团放上搓成粗长条, 然后
   再用刀切成每个 10 克左右的小剂子。

6. 将小剂子按扁, 包入汤圆馅, 收口, 再在手心里
   搓圆, 放到盘子里。

7. 锅中烧开水, 将汤圆下进去, 待它们一个个浮起,
   即可捞出。

8. 另一个锅中烧开素高汤, 加 3 克盐调味, 然后盛
   到大碗里, 将煮好的汤圆放入, 滴几滴香油, 撒
   上芹菜粒调味即可。

客家咸汤圆

以前的客家人务农，一碗温暖的咸汤圆，汤圆里面有咸鲜的馅料，
而且软软的糯米汤圆很饱肚，一碗下去煞是舒服。

一碗好汤

Salt

知道吗？做饭好吃的人都会常备一样秘密武器，任何不起眼的食材，在极紧凑的料理时间里，都会因它而滋味大不同——对了，这就是高汤。在做菜时但凡需要用水的地方换成高汤，菜肴的鲜香美味就有了不同的层次。抛开常用的荤制毛汤、奶汤、清汤不提，今天来看看怎样在家熬制味道更清香、品味更高雅的素高汤。

素高汤

用料：
干香菇 9 朵（中等大小）
胡萝卜 2 根（约重 200 克）
春笋 2 根（约重 230 克）
玉米 1 根（约重 250 克）
黄豆芽 180 克
矿泉水（含泡发香菇的水）3000 毫升

Tips:
材料当中的春笋可用冬笋替代，也可免去；玉米不要用黏玉米，只要新鲜的普通玉米或甜玉米就行。

做法：

1. 香菇需要提前冲净表面的浮尘，再以常温纯净水浸泡 4 ~ 6 小时，直至泡香菇的水颜色变重、味道变香，香菇表面也舒展起来就算好了。浸泡香菇的水要沉淀后留用，所以不要反复换水。

2. 胡萝卜洗净，刮去外皮；春笋剥去外皮，分别切成小块。

3. 黄豆芽洗净，择去根。

4. 玉米切小块，如果够新鲜，可以留下湿润的外皮和须一起煮（玉米须水有消肿的功效）。

入锅：
将所有处理好的食材装入容量足够的煮锅中，加入浸泡香菇的水和矿泉水（或纯净水）。水需要没过所有固体食材并高出至少 4 厘米。

熬煮：
先用大火煮沸，再改小火熬煮 1 ~ 2 小时，直至锅中的素高汤量减半。熬煮中锅盖可以虚掩，这段时间满屋子都将飘着一股天然清甜的香气。

保存：

素高汤彻底凉凉后，用细纱布过滤出净汁。再全部用冰模分数次制成素高汤冰块，装在盒子中密封冷冻保存（不仅避免蒸发，并方便分次分量随时取用），可保存数月。

使用：

在烹调中要用到水的步骤，都可以试试用素高汤替代，为料理增添层次和鲜美。零油脂零热量的素高汤会令我们吃得更健康、更美味、更坦然。

比如：

1）川菜名馔开水白菜的素食版及其他蔬菜延展做法：小青菜、毛豆、丝瓜、蚕豆瓣……蔬菜直接焯烫熟再浸于沸腾的素高汤中，只用盐调味，简单的幸福。

2）制作汤食时作为汤底：在煮制菌菇汤、豆腐汤、海带汤等时，用素高汤做汤底，再放入其他处理好的煲汤食材一起煲煮或隔水蒸，鲜甜的幸福。

3）下一碗辣乎乎的热汤面，温暖的幸福。

4）做素卤味或素火锅的汤底，富足的幸福。

S a l t

川菜里有一道汤，既不辣也不油，但是喝起来却让人的心和胃都妥妥的，那就是雪菜蚕豆汤，有外婆家的温暖。

雪菜蚕豆汤

用料：
新鲜蚕豆 200 克，雪菜 100 克，口蘑 100 克，
白糖少许，素高汤 2 碗。

做法：
1. 蚕豆洗净；雪菜切碎；口蘑洗净，切片备用。
2. 锅中放油，放入蚕豆翻炒到浅绿色变深，加入雪菜碎和少许白糖，翻炒均匀。
3. 加入素高汤和 1 碗水，中火煮开后放入口蘑片，煮至口蘑熟透即可。

很多人都吃过酥肉豆尖汤吧，用莲藕代替肉类炸成丸子制作的豆尖汤，一点都不逊色哟。

S a l t

藕酥豆尖汤

用料：
莲藕 1 节，豌豆尖 1 小把，花椒粉 2.5 克，白
胡椒粉 2.5 克，盐 4 克，面粉 45 克，淀粉 15 克，
鸡蛋 1 个，素高汤 400 毫升。

做法：
1. 莲藕洗净、去皮，剁成碎末，加入花椒粉、胡椒粉、
   盐搅拌均匀，静置片刻；豌豆尖择洗干净备用。
2. 在莲藕中加入面粉、淀粉和鸡蛋混合成黏稠的
   糊状。
3. 用一个深锅加入适量油，烧至七成热时调成中
   火，用汤匙舀一勺藕糊放入锅中，炸至金黄定
   型即可。逐勺把藕糊都炸成藕酥备用。
4. 汤锅中注入素高汤，加入 2 碗冷水，大火煮开，
   放入藕酥煮至回软，然后放入豌豆尖烫熟，调
   入盐即可。

韩剧中频频出现的大酱汤，营养丰富又很好喝，做法非常简单，喝下去很暖胃。

韩式大酱汤

用料：
韩国大豆酱 30 克，淘米水 400 毫升，豆腐 200
克，土豆 150 克， 西葫芦 100 克，平菇 50 克，
辣椒 1 个。

做法：

1. 土豆洗净，去皮，切成块。

2. 将做汤专用的韩国大豆酱放入淘米水中煮，然后
把其他食材按照易熟程度，先后下锅，慢慢焖煮，
总共煮 30 ~ 40 分钟。记得别再加盐，因为大酱
是咸的。

Tips:

1. 这里的淘米水可不是脏水，是洗净白米之后，加入水
搓洗白米得到的白色米汤。

2. 食材切块，按照易熟程度先后下锅，这样口感才会好。

一道清淡却不寡淡的汤，不但好喝，而且竹荪的脆和山药、莲藕、莲子、板栗的粉，也让人难以忘怀，功夫都在火候里了。

Salt

山药竹荪汤

用料：
竹荪 20 克，铁棍山药 100 克，莲藕 100 克，
莲子 20 克，板栗 50 克，姜片 5 克，盐适量。

做法：
1. 竹荪用水泡软，洗去泥沙。锅里放水烧开，将竹
   荪放入，煮去黄水，捞出，放在水龙头下冲凉，
   沥干，切开备用。
2. 铁棍山药和莲藕都洗净，刮去外皮，山药切段，
   莲藕切成滚刀块；板栗剥去外壳和皮。
3. 将莲藕块、莲子、板栗和姜片放入锅中，加水，
   大火煮开后转为小火煮 2 小时。
4. 莲藕、莲子和板栗开始变软后，加入竹荪和铁棍
   山药块，再煮半小时，加盐调味就可以了。

用料：

素高汤 1000 毫升，姜片 3 克，香葱 1 棵、八角 1 个，肉桂 1 小段（4 厘米长），丁香 1 个，海盐 2.5 克，干河粉 150 克，香干 4 片，甜豆荚 8 个，鲜香菇 50 克，绿豆芽 1 小把，生抽 5 毫升，黄糖 5 克，香菜、香葱、朝天椒、沙爹酱各适量，青柠 1/2 个。

做法：

1. 香葱分为葱白和葱叶，绿色葱叶切成葱花、葱白切段备用。汤锅放中火上，放入丁香、肉桂和八角烤至散发香味，放入姜片、葱白段，加入素高汤和 2 杯水，调入少许海盐，大火烧开后改小火熬煮 30 分钟，过滤出清澈的汤汁，然后加入生抽和黄糖调味。煮好的汤汁一直用小火加热，保持微沸。

2. 煮汤的时候，处理河粉。把干河粉放入热水中浸泡至回软，沥干备用。

3. 香干斜着片成厚片；香菇洗净，去蒂后切片；甜豆荚洗净，纵向切成两半；绿豆芽洗净，择掉根须；香菜和朝天椒洗净，切碎备用。

4. 另取一个汤锅烧开一锅水，把泡好的河粉放入锅中煮 1 分钟后捞出，沥干水分，放入两个碗中，然后把甜豆荚、香菇分别烫熟，放在河粉上。摆放上绿豆芽、香干片，淋入滚烫的高汤。

5. 最后点缀香菜和朝天椒，加少许沙爹酱，配上一个青柠角即可上桌。

蔬菜越南汤粉

传统的越南汤粉是牛肉汤作为汤底，用素高汤却别有风味，清甜的植物香气，滋味并不寡淡。

浓郁的东南亚风情，全由丰富的香草和辛辣的口感带来，酸酸辣辣的滋味可谓"绕舌三日"。

冬阴蘑菇清汤

用料：
草菇 6 朵，平菇 100 克，樱桃番茄 3 个，红葱头
2 个，香茅草 2 根，柠檬叶 5 片，朝天椒 2 个，
南姜片 10 克，青柠 1 个，香菜 2 棵，棕榈糖 10 克。
* 鱼露 15 毫升

做法：
1. 所有食材洗净，草菇剖开，平菇撕成小朵，番茄
   剖成四瓣，红葱头切丝；柠檬叶切成丝；香菜切
   碎；香茅草切成斜片；朝天椒切片。
2. 小锅中放入 400 毫升水，加入香茅草、南姜片、
   红葱丝煮开，再加入朝天椒片和草菇煮开。
3. 调入鱼露和棕榈糖，然后放入番茄、柠檬叶和香
   菜煮开，熄火后挤入柠檬汁即可。

Tips:
鱼露是非素食食材，介意的话可以购买素鱼露来代替或
索性不放。

147

冷汤，是西餐独有的菜式。番茄冷汤并不是番茄汁饮料，香料的味道更丰富，口感也更加馥郁。

番茄冷汤

用料：
番茄 2 个（400 克），洋葱 1/2 个（200 克），蒜片 5 克，柠檬 1/2 个，罗勒叶少许（装饰用），海盐、黑胡椒碎各少许，特级初榨橄榄油 30 毫升，面包适量。

做法：
1. 番茄洗净，去皮去子，切成小块备用；洋葱切丝放入盘中。

2. 在盘中加入海盐和黑胡椒碎，淋上柠檬汁静置片刻，然后放入搅拌机，加入水和特级初榨橄榄油搅打至顺滑，放入冰箱冷藏。

3. 上桌前淋上额外的特级初榨橄榄油并用罗勒叶装饰，和面包一起上桌。

用料：

黄瓜 2 根，土豆 1 个，酸奶 1 杯，柠檬 1/2 个，薄荷叶 1 小把，洋葱 1/2 个，特级初榨橄榄油 30 毫升，盐、黑胡椒碎各少许。

做法：

1. 黄瓜洗净、切片，加少许盐腌渍半小时。

2. 土豆洗净，带皮放入锅中，加入没过土豆的冷水和 1 茶匙盐，煮至土豆全熟，取出后去皮、切成小块备用。

3. 洋葱切成小块，和土豆块、酸奶一起放入搅拌机中，放入黄瓜片、薄荷叶，挤入柠檬汁并调入橄榄油，搅打至顺滑。如果感觉过于浓稠，可以调入少许凉白开。放入冰箱冷藏 3 小时。

4. 上桌前调入盐、黑胡椒碎，用薄荷叶装饰，最后淋上少许初榨橄榄油即可。

黄瓜酸奶冷汤

Salt

中东地区的菜肴在制作时经常会加入酸奶，直接用酸奶和黄瓜制作成冷汤，效果让人惊艳。

附录
一

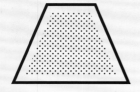

食鲜的"素"材

那些必须吃素的年代

你可以不信佛 但应该好好吃饭

为师父准备一餐素食

食鲜的“素”材

在人生百味中，据说咸味最易被察觉，苦味总是令人印象持久，甜味容易引起沉溺，辣味其实是一种带有痛感的触觉，而构成复杂的鲜味则是蛋白质的信号。古人在造字时，就已将这样的富足感赋予了它，羊大为美、鱼羊为鲜，好味道与高营养就是有着如此天然而紧密的关联。

然而美好的鲜味并不只易见于鱼羊之中，正如亚洲著名的鲜味剂——味精，发现于海带之中。素味，从来就不寡淡，不少素食主厨就乐于通过搭配和轻调味来体现食物鲜之本味。在撰写此书时，我特别邀请了三位上海的素食达人推荐他们常用的鲜味食材，并各创作一道美味。挖掘素食鲜味的背后，有灵感的迸发、有食材的创意探索、也有家常素味的均衡营养。

达芙妮（Daphne）

来自美国纽约的“蔬食女神”，在康奈尔大学学习蔬食营养学，后来又进入当地知名的健康饮食厨艺学校——自然美食研究所（Natural Gourmet Institute）接受专业的厨师培训。
曾在纽约开设“晚餐俱乐部”，在3年里，创作出超过800道无一重复的美味料理。

Daphne：
蔬食鉴赏家的信手创作

清晨的阳光灿烂，我来到 Daphne 的工作空间。那不是一个被精致厨具包围、食器精美的梦想厨房，而是一个随时能够在此起居生活的场景。我请她推荐一些素食中的天然“鲜味剂”，并且创作一道食材搭配和烹饪组合。看起来 Daphne 并没有太多的准备，她拎着从附近一个专售有机蔬菜的小菜场里买来的几种食材，让我挑选希望在她所烹饪的食物中出现的内容。

我随机挑选了玉米、秋葵、味噌和金橘，她看着食材说，那就做一道荞麦面吧，接着就动起手来。于是我就见识到这些天然的食材，在没有预先准备和预设食谱的情况下，如何在不经意间变幻成盘中令人赏心悦目又胃口大开的美味的整个过程。

这个看似信手拈来的过程，便是 Daphne 创造的过程。她致力于开启 Fine Dine（美味佳肴）的素食料理之路，自认是“蔬食鉴赏家”，时常在逛菜市场的时候迸发灵感，喜欢跳出常规，用人们想象不到的食材组合出形式多变、令人惊喜的美味。

事实上，在吃到她信手烹饪的荞麦面时，仿佛季节在盘中苏醒，这是意外而又让人难忘的体验。

季节荞麦面

用料：
荞麦面 200 克（煮熟后过凉水）
秋葵 100 克
玉米笋 100 克
上述三种食材在烧开的盐水中煮3分钟，捞出置入冷水碗中。把秋葵和玉米笋分别从中剖开、切为两半。

制作金橘酱汁：
味噌 15 克
酱油 30 毫升
水 30 毫升
辣椒油 5 克
金橘切片 15 克
韭菜切段 15 克
混合以上所有配料，静置备用。

装盘：
用筷子把荞麦面卷成椭圆形放在盘子上，再装饰上处理好的秋葵和玉米笋。最后淋上金橘酱汁，装饰食用花朵。

Daphne 推荐的"鲜味"食材

/ 笋
竹笋鲜甜，冬春二季各有滋味。冬笋是"金衣白玉，蔬中一绝"，而刚冒出头来的鲜嫩春笋，更是鲜美。

/ 葱
令人意外的是 Daphne 把大葱也列入了天然鲜味剂之一。大葱中富含谷氨酸，这便是在烹饪中它可以提鲜的原因。

/ 味噌
据说味噌是在唐朝时由鉴真和尚传到日本的，还有一种说法是通过朝鲜半岛传到日本。大豆、米、麦在发酵过程中经过酶分解便产生了氨基酸和碳水化合物。这也是味噌鲜味的来源。

/ 金橘
香气丰富的金橘不仅含有维生素，还含有不少氨基酸。与日本料理中使用的柚子酱一样，入菜时能赋予菜肴一重焕然一新的香气。

/ 核桃
核桃在料理中呈现不同的口感层次。而核桃油脂为不饱和脂肪酸，核桃中所含的精氨酸、油酸、抗氧化物质等不仅有益健康，也有着接近奶酪的鲜香味。

/ 芽苗菜
种子发芽的时候最具有植物力量，芽苗菜不仅能在菜肴装盘时锦上添花，更是万物初发时的自然滋味。

大蔬无界：
发现素食新味

徐永彬
－

大蔬无界上海徐家汇公园美素馆厨师长。2014 年 12 月入职大蔬无界，已有多年素食工作经验。阅读与看新闻是闲暇之余的爱好。曾研发菜品"菇酿"和"琉璃盏"，擅长将普通的食材通过繁复手工演绎出不同味道。

在饮食中，每个人口味各异，南北菜系的烹饪与呈现也各有不同，但唯有在吃素这件事上，可以打破地域、菜系、国界的分别，在开放的素食创作中，把天南地北、不同口味的人都汇聚到一起。而这种来自世界各地、无国届的料理，就是"大蔬无界"之名的由来。

徐永彬是位于上海徐家汇公园旁的"大蔬无界"素食餐厅的厨师长。他言语不多，却与蔬食创意的文化一脉相承，不拘于菜系本身，在菜品创作中不失变通技巧。在他看来，每个生命都是奇迹，因此值得我们去尊重。而素食烹饪在看似简化了餐桌食材选择的同时，却能丰富整个世界。

更何况，吃素并不意味着"寡淡"。正是因为有限的食材选择，就更需要精心、深入地寻觅四野之中的天然蔬材。当季的食材、符合传统饮食养生的原则、兼具国际化创新甚至不乏欧陆风味的菜式，这样才能让原本的"不素之客"也开始喜欢上吃素。

徐永彬跟着团队一起在全国乃至世界各地寻找天然、优质的食材，芽庄的海葡萄、崇明岛的当季时蔬、云南的野生菌、太湖的鸡头米、五常黑土地的大米……都成为餐盘上的珍贵美味。而那些在采摘和运输过程中需要精心照料的菌子，也是大厨们呈现蔬食创意的灵感来源。

主厨推荐的"创意"食材

/ 榆耳
生长在腐朽的榆木墩子上的榆耳也叫榆蘑，有着木耳的形态，但呈粉棕色，质地有弹性。榆耳营养丰富，味道鲜美。

/ 黄耳
产于云南丽江地区的黄耳，生长在红梨楠木上，子实体呈不规则形，似脑状，全体呈金黄色。量少而珍贵，水发后像桂花。

/ 绣球菌
生长在高山杉树林中的绣球菌，是非常稀有的药食两用菌。与普通菌菇不同的是，绣球菌每天需要 10 小时以上的日光照射，是世界上唯

一的"阳光蘑菇"。能够激活免疫
力，被称为"梦幻神奇菇"。

/ 鸡头米
生长在沼泽池塘中的鸡头米，被
称为"水中人参"。果实的子房
状如鸡头，剥开后去衣，就是白
白的新鲜芡实。每年秋天是鸡头
米收获的季节，有健脾益气、固

肾涩精等作用。

/ 椿芽
椿芽是香椿树的嫩叶尖，在春季生
发时节，人们喜欢掐取香椿树的嫩
芽，炒食、拌食或制酱。被采摘后
的椿芽，过两天还会再生，再加上
"木逢春"的生发寓意，椿芽就更
具恢复自身活力的意味了。

巴蜀夫妻

用料：
榆耳、红油、花椒油、花生碎、香芹、
香菜、蒜泥、杏鲍菇、生抽、米醋、
香油各适量。

做法：
1. 将榆耳泡发后用沸水烫一下，冲凉，
控干，切成长条，备用。
2. 杏鲍菇切条，炸成金黄色，备用。
3. 香芹去叶洗净，切成末；香菜去根去
叶，洗净切段备用。
4. 将榆耳、红油、花椒油、香油、花生
碎、香菜段、蒜泥、杏鲍菇条、生抽、
米醋一起拌匀装饰即可。

大珠小珠落玉盘

用料：
鸡头米、人参果、甜豆粒、盐各适量。

做法：
1. 甜豆粒洗净。
2. 人参果泡发，蒸熟。
3. 鸡头米用沸水烫一下后和人参果、甜豆粒一起滑炒，加盐
调味后装盘即可。

普素：
日常素食能量

杜林（Yoli）
—

无国界素食协会创始人，
《素味西餐》的作者，
上海普素 Green Vege
Café 创始人。怀着一颗
对生命的敬畏之心，坚持
无蛋无奶的纯素食主张，
结合中西健康观点看待食
材，将中医、源自印度的
阿育吠陀等东方饮食智慧
融入简约美好的素食西餐
创作之中。

对 Yoli 而言，吃素是一件自然而然的事。没有艰难的"坚持"，只需要用基本的食材，就能做出满足身体所需的美味食物。然而对于素食者而言，在"有限"的食材选择中，如何兼顾"营养"？素食中的"能量食材"又有哪些呢？

在西方营养学观点中，对于每天要摄入的维生素、碳水化合物、蛋白质、矿物质都有标准。但在东方医学体系中，不同食物是达成身心平衡的一部分。毕竟"人体不是玻璃瓶"，并不是吃什么就能拥有什么营养，更重要的是能够把吃进去的东西加以吸收和转化。而根据《黄帝内经》"五谷为养，五菜为充，五果为助，五畜为益"

的理论，植物的种子最具有滋养的能量。

Yoli 挑选各种豆类做了一碗汤。每一年的暮春时节，是新鲜豆类上市的时候。而在此之外的季节，也有各种富含蛋白质的豆类半成品、豆制品等食材可供使用。而富含脂肪和优质蛋白质的坚果也是食物中的能量来源。这些食材与番茄酱组合而成的杂豆汤，便是一道让人感到温暖和自在的蔬食能量美味。

···

Yoli 推荐的"高能量"食材

/ 开心果
含有丰富油脂的开心果，有助于机体"排毒"，同时又有温肾暖脾，调中顺气、缓解神经衰弱、抗衰老、增强体质等作用。

/ 红腰豆
红腰豆不含脂肪但含高膳食纤维，是一种糖尿病患者也适合进食的豆类。还富含铁质，非常适合素食者用来补充缺少了的铁质，预防缺铁性贫血。

/ 芸豆
又名白腰豆、京豆、白豆等。煮熟后皮绽开花，似朵朵白云，故称"白云豆"。这种相传是天上玉帝遗落人间的璎珞变化而成的"神仙豆"，有着滋阴、补肾、健脾、温中、下气、利湿、止痢、消食、解毒、镇静等作用。

/ 南瓜子
南瓜子仁为葫芦科植物南瓜的种子，具有杀虫、利水消肿的作用。

/ 豌豆

豌豆在我国有着非常悠久的种植历史。中医认为豌豆味甘、性平，具有健脾宽中、润燥消水的作用。

/ 蚕豆

蚕豆也叫胡豆，味甘、微辛。归脾、胃经。有辅助治疗脾胃不健、水肿等病症的功效。春季的新鲜蚕豆异常鲜美。

/ 藜麦

原产于南美洲，是原住民的主要传统食物，古代印加人称之为"粮食之母"。

白色藜麦口感最好。联合国粮农组织认为藜麦是一种单体植物，是可基本满足人体基本营养需求的食物，推荐藜麦为最适宜人类的全营养食品。

/ 豇豆

北宋《图经本草》已经有豇豆的记载；苏轼有咏豇豆的诗。豇豆性平、味甘咸，归脾、胃经。中医认为豇豆具有理中益气、健胃补肾、和五脏、调颜养身、生精髓、止消渴、吐逆泄痢、解毒的功效。

S a l t

番茄杂豆汤

用料：

去皮番茄碎、罐头红腰豆、罐头白豆、罐头黑豆、罐头鹰嘴豆、黄彩椒、牛油果、开心果、罗勒叶、姜末、橄榄油、盐、黑胡椒碎各适量。

做法：

1. 将所有的豆子罐头打开，沥出豆子。

2. 黄彩椒洗净，切大块；牛油果切块备用；开心果碾碎。

3. 取一深锅，放入橄榄油加热，爆香姜末，倒入去皮番茄碎，翻炒片刻。

4. 倒入所有豆子、黄彩椒块和水，煮开后，转小火炖煮 30 分钟，直到豆子软烂，放入罗勒叶、盐和黑胡椒碎。

5. 盛汤装盘，放入牛油果块和开心果碎。

那些必须吃素的年代

一

趁着回乡的时候，我又很不理智的下了一个断言：贫穷是一间最好味的素食餐厅。

当我想起这个等式的时候，竟然是有些惊奇的。以往的美食觉察，往往存于两个念想：一是等我们有时间了就去吃，二是等我们有钱了就去吃！殊不知，这些美食早存在于我们的记忆中，并永不可替代。它们又是那个年代里四季伴随你的、普通得不能再普通的食物。难道贫穷真的是一种神奇味素吗？

先从春天说起吧，田地里的豌豆肉鼓鼓的成熟了，小时候有过的做贼经历，大多和偷豌豆有关，它天生就在土地边向你招手啊！这可不是你们今天四处可见的荷兰豆或者甜豆。豌豆粒还未成熟时，简直是我魂牵梦绕的零食，剥开碧绿的壳子，用手把嫩嫩的豆粒一刮，全倒进嘴里，一股清甜会让人幸福得闭上眼睛。当然，要是你不会判断，误吃了已经成熟的豌豆粒，那会涩死你苦死你哈。而让我想念的，当然是用成熟的新鲜豌豆粒煮的粥，一锅碧绿的端上来，香气闷在屋里，粥面浓稠的米汤像一个春天的湖面，呈半凝固状，春风吹过有些许褶皱。最好的配菜当然是辣椒与大头菜做成的"麻辣脆"（相当于辣味的咸菜），把脸埋在碗里，就什么都不管了，又烫、又香、又麻、又辣，却又不能停！那时米不够吃，粥里自然少米而多豌豆，那个绿啊！后来每年我都许下但总没有完成的心愿就是：在豌豆成熟时回乡去吃粥！

然后是初夏，种在地里的四季豆，有一种我们叫它鸡油豆，是最早成熟的。一年不见了，我是多么的想念它呀。栽种后，我每天都去地里，看着它从一根针一样的长成一条豆，对于吃的耐心，那时是完全练习了。因为我总等不到它长大长熟长好，在它豆身还扁扁时就开吃了！所以注定只能切得细细的，用菜籽油来炒，当然一定得有辣椒的！最难判断的是火候，要是不再有"生"的那种鲜嫩，而直接炒个全熟，那估计要伤心好一阵子。所以一勺炒扁豆盖住米饭，种豆得豆的幸福就有了。

哎呀，怎么我想起的都是豆呢，接下来是土豆！时节大概是插秧时，杏成熟时，花椒叶正绿时，土豆也就成熟了！为什么一定是这几个记忆点呢，当然和这辈子吃过的最好吃

S a l t

的土豆有关！插秧的人们响午时是得吃点东西的，所以妈妈想了想，只能焖土豆了。土法烧制的砂锅，在用了很多年后，一往火上放就会冒出油，不然哪有油来焖土豆啊，神奇！土豆是刚从地里挖出来的，嫩着呢，顺手放了几粒新鲜的花椒和几片椒叶，一伙人坐在院子里聊天歇息，这土豆就差点烧焦了，因为焦香味已经满屋乱窜了！我看到的时候，土豆靠锅底的部分已经有了金黄的皮，后院的黄杏摘了下来，算是配土豆还是土豆配呢？现在想起来，二者都是金黄呀！土豆烫着呢，边吃边冒热气。甜香绵密微微麻，最难得的是焦香，甜酸当然来自黄杏。我知道，再也不可能吃上这世纪焖土豆了！

还有我的外公，他一辈子只有几个拿手菜，却都让我印象深刻。那是收割小麦的季节，他抽了一些小麦穗，在火膛里烧烤起来，青烟四起，待拿出来，已黑糊成一团。但外公用粗糙的双手捧住反复搓揉，天啦，青绿滚圆的麦粒就在手间了，冒着热气和清香。我

一把吞下，甚至都还来不及细细咀嚼和回味。是的，后来才发现，美好的食物莫不如此：来不及咀嚼就已吞下！外公去世多年了，现在种小麦的人们，可能很少有谁知道麦粒还可以烤着吃吧。

想来想去，还有很多味，竟然都是素的素的素的！原来我在童年就已经是素食者中的一员了。其实是你别无选择，只有这些可以吃，比如各种豆！！！但我竟然也爱上了。所以当人们在热恋素食以及它所能给予的健康时，我所迷恋与回想的是素食真正的好味！如此，我也是爱贫穷的，因为它真的是一间最好味的素食餐厅。

图、文 ｜ 杨函憬（goodone 旧物仓及中古厨房创办人）

你可以不信佛 但应该好好吃饭

—

我和曹山的渊源，源自一碗此生吃过的最香甜的莲子汤。那时我并非佛教徒，也不是典型的素食主义者，但是一个典型的"吃货"。然而正是这碗莲子汤，竟让我有机缘追随曹山养立法师，更渐渐获知了看似简单的素食食材背后凝结的令人赞叹的发心，甚至改变了很多人的生活。这一切看似不可思议，又真切地发生了。

莲子本不是稀罕之物，曹山的莲子就更加其貌不扬，既算不上白嫩饱满，也没有贵出天价，甚至比超市里散装莲子还便宜一些。然而当这些莲子下锅，整个房间都弥漫出一种甜香，仅仅 20 分钟，之前还干瘪泛黄的莲子全部变成了颗颗剔透饱满、白皙动人的样子，尝一颗在嘴里，是满嘴的软糯和微妙的蛋香。倘若把这莲子汤放进冰箱，第二天就能得到一碗富有弹性的莲子冻——极其丰富的胶质才能有这般神奇的转化。吃过之人无不赞叹，大概都觉得是此生吃过的最好吃的莲子，清甜、绵软、糯香，入口即化，很纯粹的味道，没有一丝杂质。而这令人惊叹的莲子，更有着令人惊叹的故事。

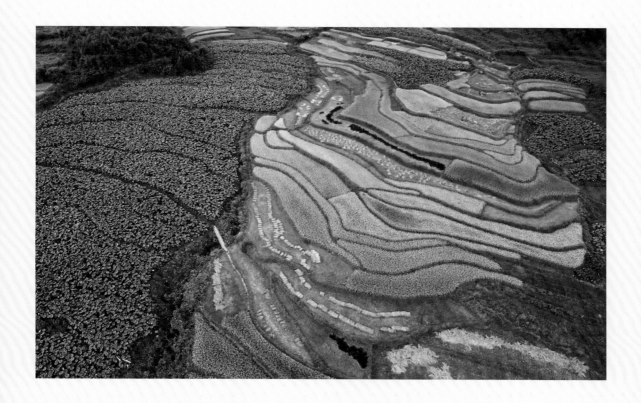

在江西省宜黄县，有一个国家级华南虎自然保护区。这里堪称一方远离尘嚣的世外桃源，没有工业污染，群山环绕，植被茂密。在丛山峻岭之中，藏着一座气势恢宏的寺院——曹山宝积寺。这座全部盛唐风貌的寺院来头可不小，是禅宗五大派系之一曹洞宗的祖庭，也是唯一一座女众驻锡办道的祖庭寺庙。这莲子便产于曹山宝积寺的深山之中，是寺院法师辛勤养护的结晶。不仅绝不使用农药和化肥，还全部依古法手工逐粒去心烘干。在法师们看来，这一切都是必要的修行，是与自然的交互，更让带着慈悲发心的禅悦之喜随着这些果实流转，让每一个品尝到它们滋味的人，能感受其中凝萃的自然能量和慈悲关怀。所有素食，于佛门弟子皆是最珍贵的自然馈赠，因此每一颗果实都会受到格外的珍视。

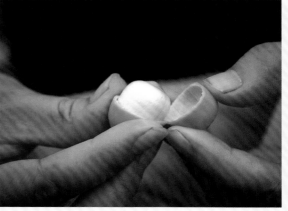

曹山宝积寺住持养立法师，出家前是一位家学渊源的中医师。14岁便皈依佛门，吃素已逾三十载。所有到访过宝积寺的人，印象最深的大多是："宝积寺的斋饭太好吃了！"让人念念不忘的斋饭，每顿要俱足"五色"，五色对应五行，应时应季，不时不食，很多食材取自当地，例如位列贡八珍的竹荪，还有江西特产的红米，以及木耳、蘑菇等山中食材和醇香浓郁的豆制品、寺院每天新鲜采摘的蔬菜……共同组成了营养全面而五味均衡的禅意素食。

"自古大寮出祖师"，讲的就是寺院厨房往往蕴藏着最深刻的禅机。当这些应和着季节、饱含着纯净土地能量的新鲜本地食材，被僧人师父以质朴却最能保持本味的方式呈现时，譬如至今沿用的土灶柴火锅，无论温度火候还是柴火的特殊香气，都让"原汁原味"这个词得到了最生动的演绎。而这里又不得不提宝积寺的另一件宝贝——盐姜。

Salt

江西夏天潮热、冬天湿寒，法师们又常常在禅堂久坐，养立师父便有了这"盐姜"的方子：宜黄本地特产的小黄姜口感狂辣，发汗效果一流，具有激发心阳、开脑窍的作用，能温中、驱寒、通脉。借助盐的力量将生姜的火中和，然后将上述功能入到肾经。如此，人体的上、中、下三焦可以通过盐炒姜变得通达无碍，因而四季皆宜。

最重要的是炒制工艺，完全手工。所有姜片都是人工洗净切片，要求姜片的厚度大小基本一致，在曹山宝积寺大寮的柴火灶大铁锅里，用盐不断翻炒，每隔十几秒就要进行一次（避免炒干或者炒煳姜片），还要派专人看守炉火，全程保持温度不变。制作过程要求烧火人必须时刻关注火势，随时添减柴火。粗颗粒的海盐，在炒姜的过程中要添加几次，直到最后盐被温火逐渐逼入姜片之中。每片姜被盐包裹着，还保有一定的水分和弹性，从原料到最后炒制完成，需要长达 9 小时不间断地劳作，因此每一片盐炒姜都得来不易。含在嘴里，辣和咸的滋味毫不违和地触碰了味蕾，也许眼泪和汗会随之而出，但立刻感觉神清气爽、肠胃舒畅。尤其在头晕昏沉的时候，提神效果斐然。它亦可以视作一种禅意食物的代表——最生动鲜活的食材，最朴拙的工艺，味道混合微妙的平衡，符合自然之规律，对人体切实有益。

养立法师说："一切众生皆以食住"，她甚至开玩笑说，禅宗也是"馋宗"，禅门视食物为药，更讲究五味调和。在养立法师看来，食物是人与自然最重要的交换，并非人人信佛，但人人都应该追求更纯粹的饮食法则。在曾经是中医师的养立法师看来，"寺院生活中许多关于饮食的戒律，既是很好的养生之道，又是一种观察内心的方法，而吃，就是最简单的修行。那么素食，便是一个最方便的法门"。

文 | 倪昊　摄影 | 吴钰

为师父准备一餐素食

一

法源寺的丁香开了一年又一年。

记得十几年前我第一次去法源寺，那天阳光很好，丁香初绽，印象中还有一丝春寒，一树海棠也摇曳在微风中，留下一地的光影。

那次是跟着好友过去的，说要带我认识一位很有意思的师父，于是整个下午都在师父的禅房里呆着。虽然还有些初次见面的腼腆，但缘分这东西很奇妙，大家说着彼此喜欢的人和事，那份陌生的感觉很快就消失在谈笑风生之间。

从那以后，和师父的关系越来越近，法源寺变成常常到访的地方。有几年的时光，经常都是一下班就跑到庙里，在师父的禅房里一起喝茶、聊天，有时候去得早，师父还会从饭堂带一份素食给我。周末更是经常和师父一起去茶城淘茶道器具，和师父在茶城的朋友那儿喝茶聊天。我这从小以喝凉白开为主的人，就是在那个阶段跟着师父学会喝茶，并把这习惯保留至今的。在学习喝茶的同时，还认识了一些在茶城的好朋友，一直到现在都还很亲近。

从韩国来北京大学念书的贤见法师也是在那个时期认识的，因为她也喜欢料理，我还去她家拜访过几次，还有幸吃过她做的素斋。原本很简单的韩式家常菜，搭配上她一件件从韩国背来的陶食器，让一份简单的素食变得更加美味。

每次吃完饭后，会一起坐在她家那永远都锃亮的地板上的蒲团上喝茶，简单朴素的韩国茶陶器也是我很喜欢的器物。有一次她说："等我哪天离开中国回韩国的时候，我把这些器物都送你。"我当时还以为是句玩笑话，结果后来法师回国的时候，真的让我去把她所有的陶食器都搬回了家，现在都还在我家很珍惜地使用着。

除了尝过的美味，我在法师那儿无意中还学到了很多东西。比如她喜欢自己很随意地用手边现成的食材，尝试着做一些小小的甜食；她在料理的过程中，会一边做一边收拾，料理台始终都很干净；还有一件对我来说很重要的事情也是在法师那里学过来的，有一次吃完饭，我和她一边聊天，一边看她洗碗，那个过程中突然发现，原来洗碗不是一个枯燥的事情，就那么简单利索的完成了。从那之后，我再没觉得洗碗是个烦恼的事情，而且在每次家宴后，看着自己清洗干净后摆放在桌上的食器时，会有一种安心感。

师父离开法源寺、回到自己的寺院之后，我也不那么常去庙里了。但每年丁香花开的时节，还是会约上三五良朋一起去逛逛那一片紫色的花海。回想起来，那也是我在北京度过的一段很美好的时光，生活过得很单纯，没有什么烦恼。

这些年师父也会偶尔来趟北京，大部分时间都是匆匆忙忙地见上一面，吃饭也大都是约去平常喜欢的素食餐厅。我不是一个素食主义者，曾经有过不到一年的素食体验，后来变成初一十五吃素，再后来觉得没到那个境界，也就不强求自己了，随缘自在。但是如果有机缘的时候，我还是很想约上师父来我家吃一餐我亲手做的素食。

有一次，师父和贤见法师都来北京参加一个活动，刚好是个周末。难得遇到这样一个机会，自然便邀请两位来我家吃一餐我做的素食。我很想让法师们看看我在料理上学习的成果，希望师父们能够喜欢。那天师父还不辞辛苦地把在四川雅安托朋友帮我定做的、烙上了"河马食堂"字样的砂锅带到北京，真的特别喜欢，那是一件会带着感恩的心去使用的食器。

为了方便大家的时间，那次聚餐安排在了中午。一大早我就跑到家附近的农贸市场采购食材，一边转着，一边想着，哪个食材可以做一道怎么好的料理，再搭配哪一个食器，不一会儿就挑选好了想要做给师父们吃的料理，迅速回家开始制作。

心里清净，效率也似乎特别高，在师父们来到我家时，午餐基本上都准备完毕了。落座后，按照我的想法把素食料理端上餐桌，虽然都是我的家常料理，但师父们吃得很开心，所以那天我也变得很开心。

Salt

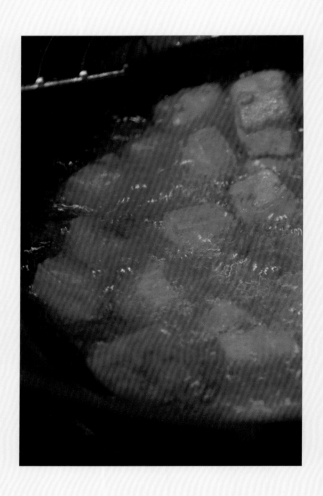

作为一个力求完美的人，我曾经非常在意别人的意见。但如今我想清楚了一个道理，或者说给自己定下了一个原则：我喜欢的食器，我做的料理，绝对不会让所有人喜欢、欣赏，所以我做的料理，一定是做给喜欢我料理之人的。在我想清楚自己的原则之后，心情就变得很轻松。看到那些负面意见的时候，心情也就会变得释然。

图、文｜河马

当天的料理：

麻辣凉拌杏鲍菇

蚕豆泥裹拌土豆块

梅香糖煮南瓜

黄豆芽辣炒自炸豆腐块

红椒西葫芦丝

素炒小青菜

剁椒芋头

土锅煮高汤综合蔬菜

紫米白米饭

食 盐

● ● ● ● ● ●

图书在版编目（ＣＩＰ）数据

吃点素挺好的 / 任芸丽编著 . — 北京 : 中国轻工
业出版社 , 2020.1
ISBN 978-7-5184-2571-6

Ⅰ . ①吃… Ⅱ . ①任… Ⅲ . ①素菜－菜谱 Ⅳ .
① TS972.123

中国版本图书馆 CIP 数据核字 (2019) 第 148549 号

责任编辑 : 王　玲
策划编辑 : 翟　燕　　责任终审 : 孟寿萱　　封面设计 : 陈梓健
版式设计 : 魏　臻　　责任校对 : 晋　洁　　责任监印 : 张京华

出版发行 : 中国轻工业出版社 (北京东长安街 6 号, 邮编 : 100740)
印　　刷 : 北京博海升彩色印刷有限公司
经　　销 : 各地新华书店
版　　次 : 2020 年 1 月第 1 版第 1 次印刷
开　　本 : 787×1092　1/16　印张 11
字　　数 : 200 千字
书　　号 : ISBN 978-7-5184-2571-6　定价 : 49.80 元
邮购电话 : 010-65241695
发行电话 : 010-85119835　传真 85113293
网　　址 : http://www.chlip.com.cn
Email club@chlip.com.cn
如发现图书残缺请与我社邮购联系调换
190332S1X101ZBW

吃点素挺好的

特约编辑：金澜

助理编辑：林玥

运营总监：杨琪蒙

摄影：喻彬 / 未央

内页设计：魏臻

封面设计：陈梓健

菜谱设计 / 菜品造型：金澜